PEIDIANWANG SHIGONG GONGYI
BIAOZHUN TUJI

配电网施工工艺
标准图集
（架空线路部分）

国网浙江省电力公司绍兴供电公司　组编

U0300064

中国电力出版社
CHINA ELECTRIC POWER PRESS

内 容 提 要

本书按照架空配电线路施工的工序顺序进行编写，内容包括架空配电线路大部分工序的施工。全书共 5 章，分别为配电线路基础施工工艺、配电线路杆塔施工工艺、配电线路架线施工工艺、柱上变压器施工工艺和柱上电气设备施工工艺。

本书思路清晰、系统实用、重点突出，通过大量的施工图片，能让读者更清晰地了解和掌握架空配电线路的施工工艺和流程。

本书可供配电网施工管理人员和技术人员参考使用。

图书在版编目（CIP）数据

配电网施工工艺标准图集 : 架空线路部分 / 国网浙江省电力公司绍兴供电公司组编 .—北京 : 中国电力出版社 , 2017.12（2019.4重印）

ISBN 978-7-5198-1253-9

Ⅰ . ①配… Ⅱ . ①国… Ⅲ . ①配电线路－工程施工－图集②配电线路－架空线路－架线施工－图集 Ⅳ . ① TM726-64

中国版本图书馆 CIP 数据核字（2017）第 251090 号

出版发行：中国电力出版社
地　　址：北京市东城区北京站西街 19 号（邮政编码 100005）
网　　址：http://www.cepp.sgcc.com.cn
责任编辑：崔素媛　（010-63412392）
责任校对：王开云
装帧设计：张俊霞　张 娟
责任印制：杨晓东

印　　刷：北京瑞禾彩色印刷有限公司
版　　次：2017 年 12 月第一版
印　　次：2019 年 4 月北京第二次印刷
开　　本：787 毫米 ×1092 毫米　16 开本
印　　张：6.25
字　　数：106 千字
定　　价：38.00 元

编 委 会

主　　编　乐全明

副 主 编　沈　祥　　朱江峰　　张学军

参　　编　马　力　　毛彦伟　　陈魁荣　　俞　键

　　　　　徐苗书　　章晓东　　刘　炜　　张金鹏

　　　　　朱建国

前言
preface

　　为完善配电网的标准化建设，提高配电网建设工艺水平，国网浙江省电力公司绍兴供电公司组织配电网设计、施工及管理人员组成专业工作团队，对配电网施工工艺相关标准作了充分收集和应用研讨。在广泛征求配电网专业施工人员和施工管理人员意见的基础上，结合《国家电网公司配电网工程典型设计（2016 年版）》的要求，编写了"配电网施工工艺标准图集"丛书。

　　"配电网施工工艺标准图集"丛书，以《国家电网公司配电网工程典型设计（2016 年版）》为基础，根据配电网建设施工的不同专业，分为三个分册，分别为"架空线路部分""电缆部分""配电站房部分"。其中，将柱上变压器台架部分归入《配电网施工工艺标准图集（架空线路部分）》。

　　本分册为《配电网施工工艺标准图集（架空线路部分）》，全书共 5 章，分别为配电线路基础施工工艺、配电线路杆塔施工工艺、配电线路架线施工工艺、柱上变压器施工工艺和柱上电气设备施工工艺。

　　本分册包括了架空配电线路大部分工序的施工。根据配电线路建设施工的工序顺序编写，并配置了相应的施工图片，能让读者更清晰地了解和掌握架空配电线路的施工工艺和流程。

　　本书由国网浙江省电力公司绍兴供电公司组织编写，另外，国网浙江省电力公司诸暨市供电公司和国网浙江绍兴市上虞区供电公司对本书的编写、拍摄、制作给予了很多技术支持。本书在编写工作中，得到了相关单位及专家的大力支持，在此致以衷心的感谢。

由于水平有限，本书难免有疏漏和不妥之处，敬请广大读者批评指正。

编　者

2017 年 9 月

目录
contents

第4章

柱上变压器施工工艺

第5章

柱上电气设备施工工艺

第 1 章

配电线路基础施工工艺

1.1 工艺流程

施工准备 → 线路复测 → 基础分坑 → 基础开挖 → 基础施工 → 接地沟施工 → 基础回填

设计要点

1 电杆基础应结合当地的运行经验、材料来源、地质情况等条件进行设计。

2 现浇基础的混凝土强度不宜低于 C20 级，预制基础的混凝土强度等级不宜低于 C25 级。

3 配电线路采用钢管塔时，应结合当地实际情况选定。钢管塔的基础型式、基础的倾覆稳定应符合 DL/T 5130—2001《架空送电线路钢管杆设计规范》的规定。

4 直线杆顺线路方向位移，35kV 架空电力线路不应超过设计档距的 1%；10kV 及以下架空电力线路不应超过设计档距的 3%。直线杆横线路方向位移不应超过 50mm。

5 转角杆、分支杆的横线路、顺线路方向的位移均不应超过 50mm。

6 电杆基础深度应符合设计规定。电杆基础坑深度的允许偏差应为 +100mm、−50mm。同基基础坑在允许偏差范围内应按最深一坑操平。

7 岩石基础坑的深度不应小于设计规定的数值。

8 双杆基坑应符合下列规定：

(1) 根开的中心偏差不应超过 ±30mm。

(2) 两杆坑深度宜一致。

9 电杆基坑底采用底盘时，底盘的圆槽面应与电杆中心线垂直，找正后应填土夯实至底盘表面。底盘安装允许偏差，应使电杆组立后满足电杆允许偏差规定。

10 电杆基础采用卡盘时，应符合下列规定：

(1) 安装前应将其下部土壤分层回填夯实。

(2) 安装位置、方向、深度应符合设计要求。

深度允许偏差为 ±50mm。当设计无要求时，上平面距地面不应小于 500mm。

(3) 与电杆连接应紧密。

安全措施

1 挖坑前必须了解有关地下管道、电缆等设施敷设情况，并与有关主管部门取得联系，明确地下设施的确切位置。施工时，应在地面上做出标志，做好防护措施，加强监护。

2 挖坑时，应及时清除坑口附近浮土、石块，路面铺设材料和泥土应分别堆置，在堆置物堆起的斜坡上不得放置工具、材料等器物坑边禁止外人逗留。在超过 1.5m 深的基坑内作业时，向坑外抛掷土石应防止土石回落坑内，并做好防止土层塌方的临边防护措施。

3 在松软土地上挖坑，应有防止塌方措施，如加挡板、撑木等，不得站在挡板、撑木上传递土石或放置传土工具，禁止由下部掏挖土层。

4 在居民区及交通道路附近挖的基坑，应设坑盖或可靠遮栏，加挂警告标示牌，夜间应挂红灯，防止行人陷入坑内。

5 在下水道、煤气管线、潮湿地、垃圾堆或有腐殖物等附近挖坑时，应设监护人。在挖深超过 2m 的坑内工作时，应采取如戴防毒面具、向坑内送风和持续检测等安全措施。监护人应密切注意挖坑人员，防止煤气、硫化氢等有毒气体中毒及沼气等可燃气体爆炸。

6 进行石坑、冻土坑打眼或打桩时，应检查锤把、锤头及钢钎。作业人员应戴安全帽。扶钎人应站在打锤人侧面。打锤人不得戴手套。钎头有开花现象时，应及时修理或更换。

7 塔脚检查，在不影响铁塔稳定的情况下，可以在对角线的两个塔脚同时挖坑。

8 杆塔基础附近开挖时，应随时检查杆塔稳定性，若开挖影响杆塔的稳定性时，应在开挖的反方向加装临时拉线，开挖基坑未回填时禁止拆除临时拉线。必要时增加其他可靠安全措施。

1.2 施工准备

■ 施工要点

1 对所使用的经纬仪、钢卷尺、标尺、GPS 测量仪等，须在有效使用期内，并且必须进行校正，符合精度要求方可使用，经纬仪最小读数不大于 1′（见图 1-1）。

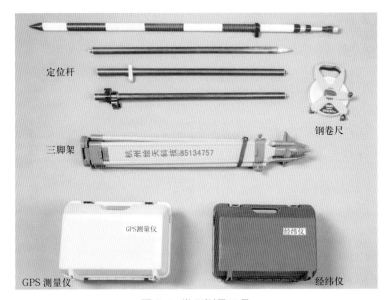

图 1-1 常用测量工具

2 进行电杆开挖工作的主要工器具包括挖掘工具（或机械）等使用前应进行检查（见图 1-2 和图 1-3）。

图 1-2 挖掘工具（人工）

图 1-3 挖掘工具（机械）

3 施工人员充分熟悉工程设计图纸资料和工程施工规范。

4 基础原材料（如水泥、石子）应在基础浇制前运达现场（见图 1-4），其质量应符合设计及规范要求。砂石料直接堆放在地面时，砂的备料增大 3%，石子增加 2%。当砂石料堆放在塑料编织带上时，按设计量备料。

图 1-4 基础原材料

工艺标准

1 在进入施工复测工作前对施工现场和线路路径进行充分的查勘。

2 根据工程设计、地形环境要求，配置相应人员和制定施工方案及安全、技术、组织措施。

3 开工前应取得施工许可相关手续，特种施工时应满足相关规程要求。

1.3 线路复测

工艺标准

1 根据线路施工的操作规程，电杆基础坑位开挖施工前应按设计的要求对杆坑中心进行定位。

2 按设计给定的杆塔中心桩位置、方向和高程等参数进行复测。复测后相比较原设计出现下列情况之一时，应查明原因并予以纠正：

(1) 以线路相邻杆位的直线桩为基准，其横线方向偏差大于 50mm。

(2) 用经纬仪视距法复测时，顺线路方向两相邻杆塔中心桩间的距离与值偏差大于设计档距的 1%。

(3) 转角桩的角度值，用方向法复测时对设计值的偏差大于 1′30″。

3 无论地形如何变化，凡导线对地距离可能不够的危险点标高都应测量，实测值与设计值相比的偏差不应超过 0.5m，超过时应由设计方查明原因并予以纠正。

4 设计交桩后丢失的杆塔中心桩，应按设计数据予以补桩，其测量精度应符合下列要求：

(1) 桩之间的距离和高程测量，可采用视距法同向两测回或往返各一测回测定，其视距长度不宜大于 400m。

(2) 测距相对误差，同向不应大于 1/200，对向不应大于 1/150。

5 杆塔位中心桩移桩的测量精度应符合下列规定：

(1) 当采用钢卷尺直线量距时，两次测值之差不得超过量距的 1‰。

(2) 当采用视距法测距时，两次测值之差不得超过测距的 5‰。

(3) 当采用方向法测量角度时，两测回测角值之差不得超过 1′30″。

施工要点

1　20kV 及以下的配电线路，可使用经纬仪或全站仪进行定位复测（见图 1-5）。

2　对于定位要求较高的规划场地和道路，以及杆位有精度要求的 20kV 及以下线路，亦可采用 GPS 卫星定位仪进行复测（见图 1-6）。

3　如下特殊地点复测时应重点控制：

(1) 导线对地距离可能不够的标高。

(2) 杆塔位间被跨越物的标高。

(3) 相邻杆位的相对标高。

4　因地形或障碍物等原因，需改变杆塔或拉线坑位置，根据设计变更流程处理。

5　对设计平断面图中未标识的新增障碍物应重点予以复核。

图 1-5　经纬仪定位复测

图 1-6　GPS 定位复测

1.4 基础分坑

工艺标准

1 分坑时应复核杆位、边坡、基础及拉线坑保护范围。

2 杆塔中心桩移桩的测量精度不应超过5‰。

3 分坑口尺寸应根据基础埋深及土质情况而定，如无规定时，可参考下式进行计算：

$$a=b+0.2+\eta h$$

式中：a——坑口边长，m；b——底盘边长；η——坡度系数（根据土质决定，对于一般黏土可取0.4，对于坚硬土取0.3）；h——坑深。

若土质较差时，坑口可适当放大，马道尺寸应根据坑深及立杆施工的需要而定，一般马道长为1～1.5m，槽底深为0.6～1.2m，槽宽为0.4～0.6m。

4 分坑时，应根据杆塔位中心桩的位置钉出辅助桩，其测量精度应满足施工精度的要求。

施工要点

1 分坑前施工人员应熟悉杆塔和基础明细表。首先核对地点、线路方向、桩位、杆号、杆型等是否与杆塔明细表一致，再按照基础施工图要求进行分坑（见图1-7）。

2 分坑应根据定位的中心桩位，依照规定的尺寸，测量出基础开挖范围，用细白灰在地面上划出白线。为使坑洞明显清楚，同时沿白线内侧暂挖深100～150mm。

3 每基杆位的分坑，除主杆基坑（简称主坑）外，还应包括所有的拉线坑（简称拉坑）的分坑。分坑时，应根据杆塔中心桩位置，作出与中心桩对应施工及质量控制的辅助桩，并做好记录，以便恢复该杆位中心桩。

4 主坑的马道方向应根据立杆施工要求而定。除特殊情况外，直线杆马道应开在顺线路方向，转角杆的马道应垂直于内侧的二等分线；用固定式抱杆立杆，不开马道。

图 1-7 基础放样（依次为电杆、拉线、钢管杆、角钢铁塔）

1.5 基础开挖

工艺标准

1 检查设备基础坑。

(1) 中心坑。控制桩是否完好。

(2) 基坑坑口的几何尺寸是否符合设计要求。

(3) 核对地表土质、水情，并判断地下水位状态和相关管线走向。

2 基坑一般宜采用人工分层分段均匀开挖。

3 开挖时，根据不同土质适当放边坡。

4 基础开挖时应注意的事项如下：

(1) 各类基础开挖前,应对沿线地下管线和构筑物进行调查摸底,在有地下光缆、管道、电缆等地下设施的地方开挖时，应事先取得有关管理部门的同意，严禁采用大型机械和冲击工具开挖。

(2) 基础开挖时，应以设计提供的基面为基准，并重新核对规划标高，防止线路基础与其他设施的标高不配套。

(3) 各类基坑口边沿 1.5m 范围内，不得堆放余土、材料、工器具等。对于易积水和冲刷的杆塔基础，应在基坑外修筑排水沟。

(4) 杆塔基础开挖坑深度允许偏差为 +100 mm，−50mm。

(5) 基坑开挖时要防止对环境造成的破坏，减少山地滚石的形成。

5 水平拉线的拉线柱的埋设深度，应符合设计要求。当设计无要求时，应符合下列规定：

(1) 反向有落地拉线的，不应小于拉线柱长的 1/6。

(2) 反向无落地拉线的，应按其受力情况确定。

施工要点

1 圆坑开挖

(1) 不带底盘卡盘的电杆洞宜采用圆形坑为主（见图 1-8）。

(2) 当埋深小于 1.8m 时，一次开挖成形。埋深大于 1.8m 时，宜采用阶梯形，以便于开挖施工人员立足，再继续开挖中心坑（见图 1-9）。

(3) 采用倒落式抱杆起立电杆应开马道。

(4) 杆洞直径宜大于杆根直径 200mm 以上，以便于电杆组立矫正（见图 1-10）。

(5) 遇到地下高水位或流沙坑时，可采用防护桶或护壁沉降方法。

图 1-8 圆坑（杆洞）开挖及深度测量

图 1-9 阶梯形杆洞开挖

图 1-10 杆洞直径测量

2 方坑开挖

(1) 方坑的开挖（见图 1-11），以分坑后的坑洞白灰线为边，向下开挖过程中应根据坑深进行放边坡，防止坍塌，一般黏土取 1:0.2 坡度为宜。

(2) 易坍塌基坑，应加大放坡系数或采用阶梯形开挖方式。

(3) 地下高水位或容易坍塌的土层，应当天开挖，当天立杆。若不能在一天内完成开挖、立杆的，可以分段开挖，到达规定的深度，随即立杆回填。

（4）方坑深超过 1.5m 时，应采用挡土板（见图 1-12）支撑坑壁，挖掘过程中应注意挡土板有无变形及断裂现象，如发现应及时更换，更换挡土板支撑应先装后拆。

（5）拉线坑的坑底应垂直于拉线方向开挖成斜坡形（见图 1-13）。拉线棒引上处应开马道（见图 1-14）。

图 1-11 方坑机械开挖

图 1-12 挡土保护

图 1-13 拉线坑开挖

图 1-14 拉线坑马道开挖

1.6 基础施工

工艺标准

1 杆塔基础坑深超过设计坑深 100mm 时的处理，应符合下列规定：

(1) 铁塔现浇基础坑，其超深部分应铺石灌浆。

(2) 混凝土电杆基础、铁塔预制基础、铁塔金属基础等，其超深在 100～300mm 时，应采用填土或砂、石夯实处理，每层厚度不应超过 100mm；遇到泥水坑时，应先清除坑内泥水后再铺石灌浆。当不能以填土或砂、石夯实处理时，其超深部分应按设计要求处理，设计无具体要求时应按铺石灌浆处理。坑深超过规定值 300mm 以上时应采用铺石灌浆处理，铺石灌浆的配合比应符合设计要求。

2 受力钢筋的保护层偏差不应超过 ±5mm。

3 截面内部尺寸 ±10mm。

4 施工中所用原材料必须符合国家现行的技术规定和规范要求；施工时必须严格按配合比控制材料用量。

5 严格控制基础浇制尺寸，浇制时发现模板变形、支撑松动、跑浆等问题，应及时处理，严防露筋。

6 混凝土试块严格按照电力线路施工及验收规范制作。

7 基础混凝土的养护、拆模、回填等严格按照国家现行施工规范要求。

8 基础施工时应做好安全文明、环境保护等措施。

9 基础施工前的定位应符合设计要求。

10 基础浇筑应采用现浇基础或灌注桩基础（见图 1-15），在沿海滩途和软土地区，可采用高强预应力混凝土液压管桩基础。

11 基础中心与线路中心线重合，深度及坑底宽度符合设计数值。

12 按规定取样做试块，

图 1-15 现浇铁塔基础浇制

基础表面平整，无蜂窝、麻面。

13 基础浇筑完成后应及时养护，当基础强度达到规定要求时才可立杆塔、架线。

14 当电杆基础采用卡盘时，安装前应将其下部土壤分层回填夯实，安装位置、方向、深度应符合设计要求，卡盘安装深度的允许偏差 ±50mm。当设计无要求时，上下面距地面不应小于 500mm。

15 直线杆卡盘应与线路平行并应在线路电杆左右侧交替埋设；承力杆卡盘埋设在承力侧；卡盘与电杆的连接应紧密。如图 1-16 所示。

16 拉盘的安装中心应保证拉线与电杆的夹角不小于 45°，当受地形限制时，不应小于 30°。拉线盘的埋设深度和方向，应符合设计要求；拉线棒与拉线盘应垂直，连接处应采用双螺母，其外露地面部分的长度应为 500 ～ 700mm；拉盘安装后应立即回填土并分层夯实（见图 1-17）。

图 1-16 预制基础卡盘安装

图 1-17 预制基础拉盘安装

施工要点

1 施工前必须核对杆塔及基础明细表上数据是否与设计图纸一致，严格按照设计图纸施工。

2 检查塔位桩，控制桩是否完好，转角方向、中心桩位置、上拔下压基础布置是否正确。

3 基础施工时，如遇地质条件与设计不符（基础埋深不够、边坡保护不够等），应及时与设计等单位联系。

4 基坑不得超挖，如出现基坑超深不得用土回填，超深部分必须采取铺石灌浆或者用混凝土处理，严禁在浮土上浇制基础。

5 现浇基础浇筑前应支模（见图 1-18），模板应采用刚性材料，其表面应平整且接缝严密。接触混凝土的模板表面应采取脱模措施。

6 现浇基础应采取防止泥土等杂物混入混凝土中的措施。

7 现浇基础的地脚螺栓及预埋件应安装牢固（见图 1-19）。安装前应除去浮锈，螺纹部分应予以保护。

图 1-18 现浇铁塔基础整体立模

图 1-19 现浇铁塔基础钢筋及地脚螺栓布置图

8 灌注桩基础施工时，钻孔完成后，应立即检查成孔质量，确保成孔偏差在允许范围内。钢筋骨架安装前应设置定位钢环、混凝土垫块，安装时应避免碰撞孔壁，安装完成并符合要求后应立即固定。混凝土灌注到地面后应清除桩顶浮浆层，单桩基础可安装桩头模板、找正和安装地脚螺栓。桩头模板和灌注桩直径应相吻合，不得出现凹凸现象。

基础施工要点：

1 现浇基础几何尺寸准确，棱角顺直，回填土分层夯实并留有防沉层。

2 灌注桩基础（见图 1-20）宜使用商品混凝土，桩基检测报告内容详尽。

3 浇筑混凝土应采用机械搅拌，机械振捣，混凝土振捣宜采用插入式振捣器。

4 浇筑后，应在 12h 内开始浇水养护，对普通硅酸盐和矿渣硅酸盐水泥拌制的混凝土浇水养护，不得少于 7 天，有添加剂的混凝土养护不得少于 14 天。

5 日平均温度低于 5℃时，不得浇水养护。

图 1-20 灌注桩基础施工

1.7 接地沟施工

工艺标准

1　接地沟开挖的长度和深度应符合设计要求，并不得有负偏差，沟中影响接地体与土壤接触的杂物应清除。

2　根据主接线网的设计图纸对主接线地网敷设位置、网格大小进行放线。

3　依据施工图规定的接地装置型式进行开挖沟体（见图 1-21），开挖深度不宜小于 0.7m，在耕作地区开挖应在 1m 为宜，宽度可依施工现场情况取 0.3 ～ 0.4m，沟底应平整无杂物。

4　接地沟开挖方向应采用放射型布置，且尽量向土壤电阻率较低处（土质松软、潮湿、河滩等）延伸，与线路方向垂直。当地形条件受限制时，如城区、街道等可采用环形布置（见图 1-22）。

图 1-21　接地沟开挖

施工要点

1　开挖接地沟应避开公路、人行通道、地下管道、电缆设施等。遇其他障碍可以绕道，并应尽量减少弯曲。

2　对于土壤电阻率较高的地段，应尽量选择沿河、水塘等土壤电阻率较低地段布置；沿山坡开挖时，宜沿等高线开挖。

图 1-22　环形接地沟

3　如有两条及以上接地沟布设时，两接地沟间平行距离不应小于 5m。

1.8 基础回填

工艺标准

1 杆塔基础坑及拉线基础坑回填，应符合设计要求；应分层夯实，每回填 300 ～ 500mm 时夯实一次（见图 1-23）。基础自然沉降后应及时补填夯实。工程移交时坑口回填土不应低于地面。沥青路面、砌有水泥花砖的路面或城市绿地内可不留防沉土台。坑口的地面上应筑防沉层，防沉层的上部边宽不得小于坑口边宽。其高度应根据土质情况填高地面 100 ～ 300mm（见图 1-24）。

2 大土块应打碎成直径 50mm 以下。

3 松软土质的基坑，回填土时应增加夯实次数或采取加固措施。

4 接地沟的回填宜选取未掺有石块及其他杂物的泥土，并应分层夯实。

图 1-23 基础夯实

图 1-24 高出地面的防沉土

施工要点

1 回填前，应清除坑内的杂质，检查基础组件的完好。

2 回填应分层夯实，石子与土按 3:1 掺合后回填夯实。松软土质的基坑，回填土时应增加夯实次数或采取加固措施。

3 回填土后电杆基坑、拉坑应设置防沉土层。防沉土层上部面积不宜小于坑口面积，培土高度应超出地面 100 ～ 300mm。

4 预制拉线基础回填时，拉棒的方向、角度应正确，各部连接环与拉棒应成直线，不得有构件横置或卡位现象。

5 基础处在低洼地带时应做好排水措施。

6 易被冲刷的接地沟表面应采取混凝土护面或砌石灌浆等保护措施。

第 2 章

配电线路杆塔施工工艺

2.1 工艺流程

施工准备 → 材料检查 → 现场布置 → 电杆组立 → 横担安装 → 绝缘子、金具安装 → 拉线组装

设计要点

1 杆塔结构构件及其连接的承载力（强度和稳定）计算应采用荷载设计值；变形、抗裂、裂缝、地基和基础稳定应采用荷载标准值。

2 杆塔结构式的变形、裂缝、抗裂计算采用的正常使用极险状态设计表达式，应按 GB 50061—2010《66kV 及以下架空电力线路设计规范》的规定设计。

3 拉线应按设计图纸布置，拉线应根据电杆的受力情况装设。拉线与电杆的夹角宜采用 45°。当受地形限制可适当减小，且不应小于 30°。

4 跨越道路的水平拉线，对路边缘的垂直距离，不应小于 6m。拉线柱的倾斜角宜采用 10°～20°。跨越通车道路的水平拉线，对路面的垂直距离，不应小于 9m。

5 拉线应采用镀锌钢绞线，其截面应按受力情况计算确定，且不应小于 25mm^2。

6 拉线棒的直径应根据计算确定，且不应小于 16mm。拉线棒应热镀锌。腐蚀地区拉线棒直径应适当加大 2～4mm 或采取其他有效的防腐措施。

7 配电线路的钢筋混凝土电杆，应采用定型产品。电杆构造的要求应符合现行国家标准。

8 空旷地区配电线路连续直线杆超过 10 基时，宜装设防风拉线。

9 钢筋混凝土电杆，当设置拉线绝缘子时，在断拉线情况下拉线绝缘子距地面处不应小于 2.5m，地面范围的拉线应设置保护套。

10 配电线路采用钢管杆时，应结合当地实际情况选定。钢管杆的基础型式、基础的倾覆稳定应符合 DL/T 5130—2001《架空送电线路钢管杆设计规范》的规定。

安全要点

1 施工前进行现场查勘，确定停电范围，提出危险点预控。根据现场查勘内容开具工作票或者施工作业票，编制施工方案。

2 开工前，要交待施工方法、组织措施和安全措施、技术措施，工作人员要明确分工、密切配合，服从指挥。在居民区和交通道路附近立、撤杆时，应具备相应的交通组织方案，并设警戒范围或警告标志，必要时派专人看守。

3 立、撤杆塔过程中基坑内严禁有人工作，除指挥人及指定人员外，其他人员应在杆塔高度的 1.2 倍距离外。

4 立杆及修整杆坑时，应有防止杆身倾斜、滚动的措施，如采用拉绳和叉杆控制等。

5 顶杆及叉杆只能用于竖立 8m 以下的拔梢杆，不得用铁锹、桩柱等代用。工作人员要均匀地分配在电杆的两侧。

6 利用已有杆塔立、撤杆，应先检查杆塔根部及拉线和杆塔的强度，必要时增设临时拉线或其他补强措施。在带电线路、设备附近立、撤杆塔，杆塔、拉线、临时拉线、起重设备、起重绳索应与带电设备保持足够的安全距离，且应有防止立、撤杆过程中拉线跳动和杆塔倾斜接近带电导线的措施。

7 使用吊车立、撤杆塔，钢丝绳套应挂在电杆的适当位置以防止电杆突然倾倒。撤杆时，应先检查电杆有无卡盘或障碍物并试拔。

8 使用固定式抱杆立、撤杆，抱杆基础应平整坚实，缆风绳应分布合理、受力均匀。

2.2 施工准备

工艺标准

1 杆塔组立应有完整可行的施工技术文件。组立过程中，应采取保证部件不产生变形或损坏。

2 杆塔各构件的组装应牢固，交叉处有空隙者，应装设相应厚度的垫圈或垫板。

3 混凝土电杆及预制构件在装卸及运输中不得互相碰撞、急剧坠落和不正确的支吊。

4 施工前应对需要的工器具、材料进行检查（见图 2-1～图 2-5）。

5 金具组装配合应良好，绝缘子及瓷横担绝缘子安装前应进行外观检查。

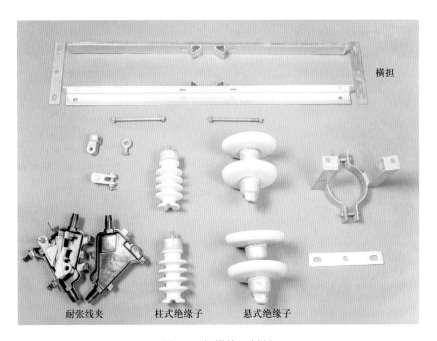

图 2-1 杆塔施工材料

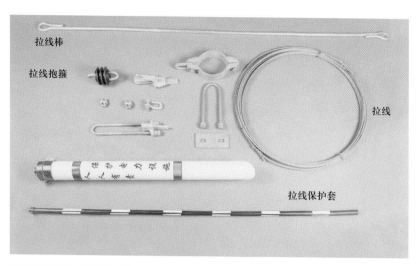

拉线棒

拉线抱箍

拉线

拉线保护套

图 2-2 拉线材料

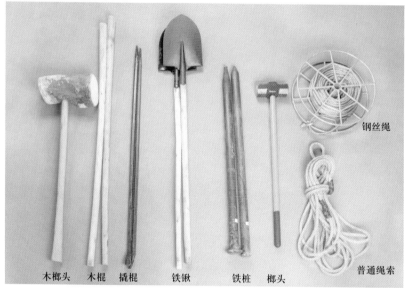

钢丝绳

普通绳索

木榔头　木棍　撬棍　铁锹　铁桩　榔头

图 2-3 杆塔施工
工器具

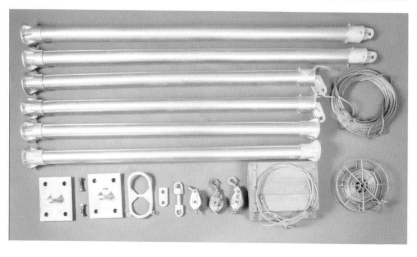

图 2-4 立杆机具
——抱杆

图 2-5 立杆机具——机动绞磨

施工要点

1 杆塔组立前应进行检查。基础必须经中间验收合格，基坑尺寸符合要求，预制构件埋设得当，现浇混凝土强度达到 100% 设计值。当采取有效防止基础承受水平推力的措施时，混凝土的抗压强度不低于设计强度的 70%。

2 不同的地形环境和杆塔型式应确定不同杆塔组立的施工方案，并编写作业指导书。施工人员熟悉施工图纸和施工方法。

3 参加施工人员应进行技术交底和安全交底，并熟悉施工场地。

4 进入施工现场的机具应经试验合格，合理选择起重工具，起重工具应符合许可强度并符合使用安全规定。杆塔组立采用钢丝绳，钢管塔吊时应采取防止镀层损伤的措施。

5 选择适宜的气候环境和条件，避免在风、雨、雷、雪天及其他恶劣候条件进行施工。

2.3 材料检查

工艺标准

1 杆段间为焊接连接时，应符合有关规定。杆段间为插接连接时，其插接长度不得小于设计插接长度。

2 钢管电杆连接后，其分段及整根电杆的弯曲均不应超过其对应长度的 20%。

3 环形钢筋混凝土电杆制造质量应符合 GB 396—1994《环形钢筋混凝土电杆》的规定，施工前应进行外观检查（见图 2-6）：

(1) 表面光洁平整，壁厚均匀，无露筋、跑浆等现象。

(2) 放置地平面检查时，应无纵向裂缝，横向裂缝的宽度不应超过 0.1mm。

(3) 杆身弯曲不应超过杆长的 1/1000。

(4) 电杆杆顶应封堵。

4 钢管电杆的质量应符合现行行业标准的规定，其外观检查应符合以下规定：

(1) 构件的标志应清晰可见。

(2) 焊缝坡口应保持平整无毛刺，不得有裂纹、气割熔瘤、夹层等缺陷。

(3) 焊缝表面质量应用放大镜和焊缝检验尺检测，需要时可采用表面探伤方法检验。

(4) 镀锌层表面应连续、完整、无锈蚀，不得有过酸洗、漏镀、结瘤、积锌、毛刺等缺陷。

5 金具组装配合应良好，安装前应进行外观检查（见图 2-7），且应符合下列规定：

(1) 表面光洁，无裂纹、毛刺、飞边、砂眼、气泡等缺陷。

(2) 线夹转动灵活，与导线接触面

图 2-6 电杆杆头检查

图 2-7 金具检查

25

图 2-8 绝缘子检查

符合要求。

(3) 镀锌良好，无皮剥落，锈蚀等现象。

6 绝缘子安装前应进行外观检查（见图 2-8），且应符合下列规定：

(1) 瓷件与铁件组合无歪斜现象，且结合紧密，铁件镀锌良好。

(2) 瓷釉光滑，无裂纹、缺釉、斑点、烧痕、气泡或瓷釉烧坏等缺陷。

(3) 弹簧销、弹簧垫的弹力适宜。

施工要点

1 钢圈连接的混凝土电杆，宜采用电弧焊接。电杆焊接后放置地平面检查时，其分段及整根电杆的弯曲均不应超过其对应长度的 2‰。超过时应割断调直，并应重新焊接。

2 分段法兰连接的电杆，上下段电杆的合缝线应对正，垂直方向螺栓统一由下向上穿，紧固后应有防腐处理。

2.4 现场布置

一、抱杆立杆布置

1 固定钢丝绳在电杆上的吊点应高于电杆的重心点。

2 总牵引地锚距电杆中心距离应大于 1.5 倍电杆高度。

3 牵引方向应与电杆的起立方向一致。

4 抱杆顶角宜 23°～25°（电杆长度不超过 18m 时）（见图 2-9）。

5 总牵引地锚中心点、电杆重心点、抱杆顶点、揽风绳在同一平面上（见图 2-10）。

6 四周控制点距电杆中心的距离应不小于 1.2 倍的电杆高度。

图 2-9 抱杆顶角布置

图 2-10 抱杆整体布置

二、吊车立杆布置

1 吊车立杆时，首先应保证吊车落位处的地形应基本平整，且地基稳固；同时应根据现场的具体情况合理安排吊车与杆坑中心及电杆运输车间的距离（即吊车的回转半径），既要让吊车有安全稳定的工作环境和足够的运转空间，同时又要严格控制作业范围。

2 立杆时，汽车开到距基坑口适当位置；一般起吊时，吊臂和地面的垂线成30°夹角（见图2-11）。

3 放下汽车起重机的液压支撑腿时，应使汽车轮胎不受力；将吊点置于电杆的重心偏上处，进行吊立电杆（见图2-12）。

施工要点

一、固定式抱杆起吊布置

固定式抱杆的起吊方式，适宜18m及以下的配电杆塔组立。

1 用固定抱杆（人字抱杆和独立抱杆）起吊水泥杆，按要求布置前后揽风绳、绞磨桩、绞磨、导向滑轮、人字抱杆、滑轮组、调整绳、锚桩等。

2 现场土质疏松时，抱杆脚需绑道木或加垫木，以防止

图 2-11 吊车起吊角度及方向绳

图 2-12 吊点位置确定

抱杆受压后出现下沉情况(见图2-13)。抱杆起立后两抱杆脚要保持水平,必要时两抱杆脚间用钢丝绳连锁。

3 抱杆的长度宜取杆塔重心高度加 1.5 ~ 2m,前后揽风桩至杆坑中心距离,宜取杆塔高度的 1.2 ~ 1.5 倍。起吊 15m 及以下的电杆时,在亚黏土区及市区施工用的锚桩采用圆桩,土质松软或起吊 15m 以上的电杆时,应对受力较大的后方桩适当加强。

图 2-13 垫木布置

4 起吊 15m 以上的电杆,若采用单吊点方式起吊,为避免杆身吊点处承受弯矩过大产生裂纹或折断,宜在起吊 15m 以上的电杆吊点处绑扎加强木,其长度可选择杆长的 1/3 ~ 1/2。

5 滑轮组的选择,应根据被吊电杆的重量决定。

二、吊车起吊布置

(1) 起吊前在作业范围内,宜在吊臂高度和旋转距离的 1.2 倍布置警戒隔离线,设置警告标志,防止行人车辆进入 (见图2-14) 。

(2) 起吊地点应选择结实平坦宽广的场地,并注意周围有无管道、电力、电缆线路等在起重机回转范围内,确保安全作业空间范围;严禁在软土地基和斜面等处作业。

(3) 选择起吊地点后应打开支腿,并用枕木垫实并进行试压 (见图2-15) 。

(4) 电杆起吊点选择与吊车起重的布置相适应。电杆不应在起吊过程中拖拉、碰撞。

(5) 电杆顶部设置方向调整绳。

(6) 明确吊车指挥信号,宜采用手语或旗语,操作人员应持证上岗。

图 2-14 吊车布置

图 2-15 吊车支腿的布置

2.5 电杆组立

1 抱杆立杆时，两抱杆根位于坑口两侧，双脚夹角成30°左右，两腿和杆坑中心三点成一直线。打好前后临时拉线和绞磨的桩锚（见图2-16和图2-17）。

图2-16 临时拉线桩锚　　　　　　　　图2-17 机动绞磨及其桩锚

2 起立过程中电杆中心应在基坑中心。

3 电杆入坑后应校直电杆，并立即分层夯实填土。

4 电杆进入杆坑后，现场负责人应注意指挥工作人员调整电杆控制绳（见图2-18），并严格控制慢放牵引绳使电杆垂直下落至坑底。

5 杆塔立好经调整垂直后，须符合下列条件，才能拆除临时拉线：

(1) 钢管塔的地脚螺栓已经紧固。

(2) 无拉线电杆已回填夯实。

(3) 永久拉线已安装完毕。

6 10kV及以下架空电力线路杆梢的位移不应大于杆梢直径的1/2。

7 法兰连接用于直线杆和转角杆。在杆身连接时采用刚性法兰连接，即带肋法兰。受力时法兰盘、法兰肋板和螺栓同时作用，法兰盘不允许发生变形。这种连接刚度较好，在连接处可视为无任何变形。

图2-18 电杆校正

8 中间法兰连接螺栓宜采用 6.8 级以上高强度螺栓，直径不小于 16 mm。中间法兰螺栓孔径不宜大于螺栓直径 2 mm。垂直方向螺栓统一由下向上穿（见图 2-19）。

9 套接宜用于直线杆和小转角杆。钢管套接接头的长度应取套入段最大内径的 1.5 倍。多边形钢管边数大于 12 时不宜用套接。

图 2-19 螺栓连接法兰电杆

10 电杆、钢管塔固定。

(1) 电杆、钢管塔就位后，利用线锤（或经纬仪）找正。找正后回填土按要求夯实或紧固地脚螺母。

(2) 单杆电杆立好后应正直，位置偏差应符合下列规定：

1) 直线杆的横向线路位移不应大于 50mm。

2) 直线杆的倾斜，20kV 架空电力线路不应大于杆长的 3‰。

3) 转角杆的横向线路位移不应大于 50mm。

4) 转角杆应向外角预偏，紧线后电杆应正直，不得向内外角倾斜，其杆梢位移不应大于杆梢直径。终端杆立好后，应向拉线侧预偏，其预偏值不应大于杆梢直径。紧线后不应向受力侧倾斜。

(3) 双杆电杆立好后应正直，位置偏差应符合下列规定：

1) 直线杆结构中心与中心桩之间的横向位移，不应大于 50mm。

2) 转角杆结构中心与中心桩之间的横、顺向位移，不应大于 50mm。

3) 迈步不应大于 30mm。

4) 根开不应超过 ±30mm。

施工要点

1 电杆起立顶端至地面 0.8m 时，应停止牵引进行冲击试验（见图 2-20）。对杆塔弯曲度、各部位的地锚受力及位移、各处索具、滑车、机具等设备的异常、抱杆根部、吊车支腿下沉、指挥信号畅通、人员布置情况进行检查（见图 2-21）。若发生异常，应将杆塔放回地面进行处理，然后继续起吊。

2 在起吊过程中，应注意控制电杆起立的方向（见图 2-22），防止出现杆顶偏

图 2-20 冲击试验

图 2-21 吊点检查

离。采用倒落式立杆，抱杆脱帽时，杆塔应注意及时带上反向临时拉线，并随起立速度适当松出。

图 2-22 方向调整

3 杆塔起立至约 70°时，应放慢起立的速度，并加强监视，随时控制电杆竖直位置的距离，当起吊约 80°时，停止牵引，应利用临时拉线调整杆塔。

4 电杆起立后，应及时调整杆位，使其符合电杆质量的要求，然后进行回填土。

5 除指挥人员和扒杆脚指定技工外，不得有其他人员逗留，扒杆脚技工应站在扒杆外侧。

6 使用机动绞磨立杆时，机动绞磨钢丝绳尾绳应有专人看管。指挥人员应采用手语、旗语或对讲机指挥（见图 2-23）。

图 2-23 机动绞磨布置

7 钢管电杆

(1) 钢管电杆现场连接时，若为焊接连接，应符合混凝土电杆钢圈的焊接要

求和规定；若为套接连接的，其套接长度不得小于设计套接长度；若为螺栓连接的，按双螺帽要求紧固，垂直方向螺栓统一由下向上穿（见图2-24）。

(2) 钢管电杆连接后，其分段及整根电杆的弯曲均不应超过其对应长度的 2‰。

图 2-24 螺栓连接钢管杆

2.6 横担安装

工艺标准

1 单杆横担的安装应平整，安装偏差应符合下列规定：

(1) 横担端部上下倾斜不应大于 20mm（见图 2-25）。

(2) 横担端部左右扭斜不应大于 20mm（见图 2-26）。

图 2-25 直线横担安装 1

图 2-26 直线横担安装 2

2 双杆的横担，横担与电杆连接处的高差不应大于连接距离的 5/1000；左右扭斜不应大于横担总长度的 1/100。

3 螺栓连接的构件应符合下列规定：

(1) 螺杆应与构件面垂直，螺头平面与构件间不应有间隙。

(2) 螺栓紧固后，螺杆丝扣露出的长度，单螺母不应少于两个螺距；双螺母可与螺母平齐。

(3) 当必须加垫圈时，每端垫圈不应超过两个。

4 螺栓的穿入方向应符合下列规定：

(1) 对立体结构：水平方向由内向外；垂直方向由下向上。

(2) 对平面结构：顺线路方向，双面构件由内向外，单面构件由送电侧穿入或按统一方向；横线路方向，两侧由内向外，中间由左向右（面向受电侧）或按统一方向。

施工要点

1 横担安装应平正，安装偏差应符合设计或规范要求。

2 架空线路所采用的铁横担、铁附件均应热镀锌。检修时，若有严重锈蚀、变形应予更换。

3 单横担的组装位置，直线杆应装于受电侧；分支杆、转角杆及终端杆应装于拉线侧。

4 横担组装应平整，端部上下和左右斜扭不得大于 20mm。

5 耐张转角在 45°及以下的单杆采用单排横担结构，安装于内角角平分线上（见图 2-27）；45°～90°的采用双排横担结构（见图 2-28）。

6 安装人员在地面工作人员的配

图 2-27 单排耐张横担安装

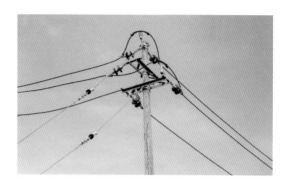

图 2-28 双排耐张横担安装

合下起吊横担、抱箍，并进行安装。安装时，应先将所有穿钉（也称穿心螺栓或加长螺栓）穿入后，加上垫片、螺帽，然后逐一进行紧固。

7 连接安装完成后，调整横担的安装方向与线路方向垂直，调整横担的水平达到规定的要求，并将所有连接螺栓的紧固后，按设计的要求完成绝缘子的安装。

2.7 金具、绝缘子安装

工艺标准

1 配电线路绝缘子的性能，应符合现行国家标准各类杆型所采用的绝缘子，且应符合下列规定：

(1)1 ~ 10kV 配电线路：

1) 直线杆采用硅橡胶或柱式绝缘子（见图 2-29）。

2) 耐张杆宜采用两个悬式绝缘子组成的绝缘子串。

3) 结合地区运行经验采用有机复合绝缘子。

图 2-29 柱式绝缘子

(2)1kV 以下配电线路：

1) 直线杆宜采用低压针式绝缘子。

2) 耐张杆应采用一个悬式绝缘子或蝴蝶式绝缘子。

2 配电线路杆塔部分金具主要为耐张线夹。一般采用楔形铝合金耐张线夹、螺栓型铝合金耐张线夹以及绝缘导线专用耐张线夹。

施工要点

1 绝缘子安装应符合下列规定：

(1) 安装应牢固，连接可靠，防止积水。

(2) 安装时应清除表面污垢及其他附着物。

(3) 悬式绝缘子串安装，应符合以下规定：电杆与导线金具连接处，无卡压现象。耐张串上的弹簧销子、螺栓及穿钉应由上向下穿入。当有困难时可由内向外或由左向右穿入。悬垂串上的弹簧销子、螺栓及穿钉应向受电侧穿入。两边线应由内向外，中线应由左向右穿入。

(4) 绝缘子裙边与带电部位的间隙不应小于 50mm。

2 金具组装配合应良好，线夹转动灵活，与导线接触面符合要求。

3　耐张线夹的安装应符合下列要求：

(1) 耐张线夹在采用前应对外观仔细检查金属部件，其表面均应进行热镀锌防腐处理，镀锌层的质量及厚度应符合要求。核对规格、型号是否与导线匹配。严禁用大线夹固定小导线。

(2) 安装时，铝合金耐张线夹的绝缘线应剥去绝缘层，其长度和线夹等长，误差不大于 5mm。剥离绝缘层应采用专用的切削工具，不得损伤导线；安装后应加装绝缘罩（见图 2-30）采用绝缘导线专用耐张线夹时可不剥皮安装。

(3) 导线在线夹楔形压板拉紧固定后，线夹尾端紧固螺丝应拧紧，形成足够的双重握着力。

图 2-30　绝缘子串及耐张金具安装

2.8 拉线组装

工艺标准

1 拉线应根据电杆的受力情况装设。拉线与电杆的夹角宜采用45°。受地形限制可适当减小，且不应小于30°。

2 跨越道路的水平拉线，对路边缘的垂直距离不应小于6m。拉线柱的倾斜角宜采用10°～20°。跨越电车行车线的水平拉线，对路面的垂直距离不应小于9m。

3 拉线应采用镀锌钢绞线，其截面应按受力情况计算确定，且不应小于25mm²。

4 空旷地区配电线路连续直线杆超过10基时，宜装设防风拉线。

5 拉线棒的直径应根据计算确定，且不应小于16mm。拉线棒应热锻锌。腐蚀地区拉线棒直径应适当加大2～4mm或采取其他有效的防腐措施。

6 一般拉线应用专用的拉线抱箍，拉线抱箍一般装设在相对应的横担下方，距横担中心线100mm处（见图2-31）。拉线的收紧应采用紧线器进行。高低压线路同杆架设时穿过低压线的拉线应加绝缘子。

7 钢筋混凝土电杆，当设置拉线绝缘子时，在断拉线情况下拉线绝缘子距地面处不应小于2.5m。地面范围的拉线应设置保护套（见图2-32）。

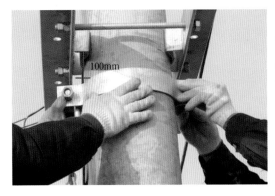

图 2-31 杆上拉线抱箍安装

图 2-32 地面拉线套管安装

施工要点

1 线盘的埋设深度和方向，应符合设计要求。拉线棒与拉线盘应垂直，连接处应采用双螺母，其外露地面部分的长度应为 500 ～ 700mm（见图 2-33 和图 2-34）。拉线坑应有马道，回填土时应将土块打碎后夯实。拉线坑宜设防沉层。

图 2-33 拉线盘拉棒安装

2 拉线安装应符合下列规定：

(1) 安装后对地平面夹角与设计值的允许偏差，应符合下列规定：

1）10kV 及以下架空电力线路不应大于 3°。

2）特殊地段应符合设计要求。

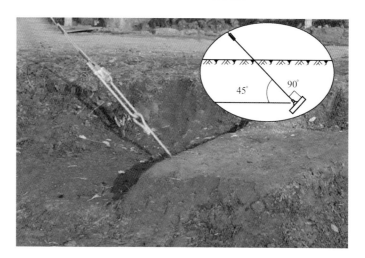

图 2-34 拉线棒外露部分

(2) 承力拉线应与线路方向的中心线对正；分角拉线应与线路分角线方向对正；防风拉线应与线路方向垂直。

(3) 跨越道路的拉线，应满足设计要求，且对通车路面边缘的垂直距离不应小于 5m。

(4) 采用 UT 型线夹及楔形线夹固定安装时（见图 2-35），应符合下列规定：

1) 安装前丝扣上应涂润滑剂。

2) 线夹舌板与拉线接触应紧密，受力后无滑动现象，线夹凸肚在尾线侧，安装时不应损伤线芯。

3) 拉线弯曲部分不应有明显松股，拉线断头处与拉线主线应固定可靠，线夹

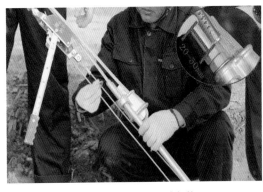

图 2-35 拉线 UT 型安装

处露出的尾线长度为 300 ～ 500mm，尾线回头后与本线应扎牢。

4) 同一组拉线使用双线夹并采用连板时，其尾线端的方向应统一。

5) UT 型线夹的螺杆应露扣，并应有不小于 1/2 螺杆丝扣长度可供调紧，调整后，UT 型线夹的双螺母应并紧，花篮螺栓应封固。

6) 采用绑扎固定安装时，应采用直径不大于 3.2mm 的镀铁线绑扎固定。

3 采用拉线柱拉线的安装，拉线柱的埋设深度，当设计无要求时，应符合下列规定：

(1) 采用坠线的，不应小于拉线柱长的 1/6。

(2) 采用无坠线的，应按其受力情况确定。

(3) 拉线柱应向张力反方向倾斜 10°～ 20°。

(4) 坠线与拉线柱夹角不应小于 30°。

(5) 坠线上端固定的位置距拉线柱顶端的距离应为 250mm。

4 一基电杆上装设多条拉线时，各条拉线的受力应平衡。

(1) 采用镀锌铁线合股组成的拉线，其股数不应少于三股。镀锌铁线的单股直径不应小于 4.0mm，绞合应均匀、受力均衡，不应出现抽筋现象。

(2) 合股组成的镀锌铁线的拉线，可采用直径不小于 3.2mm 镀锌铁线绑扎固定，绑扎应整齐紧密，缠绕长度为：

1) 5 股以下者，上端：200mm；中间有绝缘子的两端：200mm；下缠 150mm，花缠 250mm，上缠 100mm。

2) 合股组成的镀锌铁线拉线采用自身缠绕固定时，缠绕应整齐紧密，缠绕长度：三股线不应小于 80mm，5 股线不应小于 150mm。

(3) 拉线应加装相应电压等级的绝缘子，拉线绝缘子在断拉线情况下，距地面不应小于 2.5m（见图 2-36 和图 2-37）。

图 2-36 拉线绝缘子安装

距地不小于 2.5m

图 2-37 拉线布置图

第3章

配电线路架线施工工艺

3.1 工艺流程

施工准备 → 材料检查与布置 → 放线 → 导地线连接 → 紧线 → 弧垂观测 → 附件安装 → 导线固定

设计要点

1 裸导线不应有松股、交叉、折叠、断股等明显缺陷。

2 导线表面不应有严重腐蚀现象。

3 钢绞线、镀锌铁线表面镀锌层应良好，无锈蚀。

4 绝缘线表面应平整、光滑、色泽均匀，无尖角、颗粒，无烧焦痕迹。

5 绝缘线导线紧压，无腐蚀，绝缘层应包裹紧密，且不易剥离。

安全要点

1 紧线前，应检查导线有无障碍物挂住，紧线时，应检查接线管或接线头以及过滑轮、横担、树枝、房屋等处有无卡住现象。如遇导、地线有卡、挂住现象，应松线后处理。

2 紧线场的具体布置应根据紧线方式进行，原则是要在保证安全的前提下，确保导线放线质量。

3 放线、紧线与撤线工作均应有专人指挥、统一信号，并做到通信畅通、加强监护。

4 交叉跨越各种线路、铁路、公路、河流等地方放线、撤线，应先取得有关主管部门同意，做好跨越架搭设、封航、封路、在路口设专人持信号旗看守等安全措施。

5 放线、紧线与撤线时，作业人员不应站在或跨在已受力的牵引绳、导线的内角侧，展放的导线圈内以及牵引绳或架空线路的垂直下方。

3.2 施工准备

工艺标准

1 放线前应对放线段通道及沿线路走廊的具体情况进行认真勘察，进行通道疏通、跨越架搭设等放线的准备工作，为保证放线工作的顺利进行，应对发现问题及时处理。

2 农村低压配电线路的放线通常多采用人力放线，为了确保放线工作的顺利进行和人身、设备的安全，应做好组织工作。导线型号、规格应符合设计要求。

施工要点

1 架线前应全面掌握沿线地形、交叉跨越、交通运输、施工场地及施工资源的配置情况，熟悉工程的设计要求，正确选择放线方法，组织人员进行安全和技术交底。选择导线弧垂观测档，并确定导线弧垂观测方式。

2 架线前施工工器具以及施工机具应完备（见图 3-1 和图 3-2），并对其进行合格性检查。

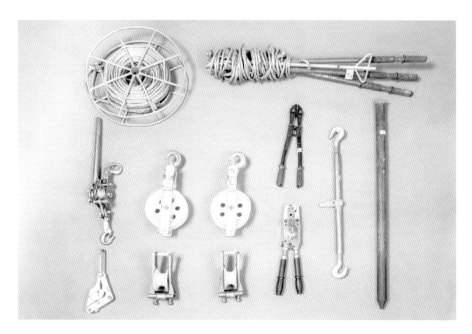

图 3-1 架线施工工器具

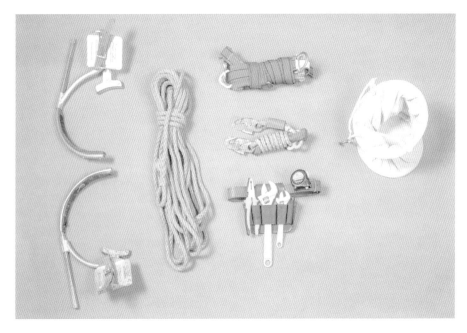

图 3-2 架线施工个人工器具

3.3 现场检查与布置

1 导线对地面、建筑物、树木、铁路、道路、河流、管道、索道及各种架空线路的距离，应根据最高气温情况或覆冰情况求得的最大弧垂和最大风速情况或覆冰情况求得的最大风偏计算值。

2 计算上述距离，不应考虑由于电流、太阳辐射以及覆冰不均匀等引起的弧垂增大，但应计及导线架线后塑性伸长的影响和设计施工的误差。

3 放线前应先制定放线计划，合理分配放线段。根据地形，适当增加放线段内的放线长度；根据放线计划，将导线线盘运到指定地点。

4 放线前，应对导线进行外观检查，且应符合下列规定：

(1) 线材表面应光洁，不得有松股、交叉、折叠、断裂及破损等缺陷。

(2) 钢绞线、镀锌铁线表面镀锌层应良好、无锈蚀。

(3) 架空绝缘线 (见图 3-3) 表面应平整光滑、色泽均匀、无爆皮、无气泡；端部应密封，并应无导体腐蚀、进水现象；绝缘层表面应有厂名、生产日期、型号、计米等清晰的标志。

图 3-3 绝缘导线检查

1 检查杆塔是否已经校正，有无倾斜或缺件需纠正补齐。

2 跨越公路、铁路及一级通信线路和不能停电的电力线路，应在放线前搭好跨越架，并检查跨越架 (见图 3-4) 。保证放线时导线与被跨越物之间满足最小安全距离。

3 检查线路是否停役，交跨的道路是否封道，障碍物是否清理。

4 按预定施工方案进行人员安排、机具布置。对施工现场进行检查，注意导线轴应平稳地摆放在放线架上（见图3-5）。放线时人力组织应全面做好安排，对于下列岗位应设专人负责：

(1) 每只线轴设专责监护人。

(2) 每根导地线拖线时的领队负责人。

(3) 每基杆塔的登杆人。

(4) 各重要交叉跨越处或跨越架处的监护人。

(5) 沿线通信负责人。

(6) 沿线检查障碍物的负责人。

图 3-4 导线跨越架

图 3-5 放线盘架设

5 每基杆塔或导线展放牵引的转角处，必须设置合适匹配的滑车（见图 3-6 和图 3-7）。展放导线的挂线滑轮应使用铝质滑轮，架空地线应使用钢质滑轮，通常放线滑轮均为单滑轮，导线截面大于 240mm^2 应使用双滑轮及四滑轮。

图 3-6 滑车布置 1

放线滑轮的使用应符合下列规定：

(1) 轮槽尺寸及所用材料应与导线或架空地线相适应。

(2) 导线放线滑轮轮槽底部的轮径，应符合 DL/T 685—1999《放线滑轮基本要求、检验规定及测试方法》的规定。展放镀锌钢绞线架空地线时，其滑轮轮槽底部的轮径与所放钢绞线直径之比不宜小于 15。

图 3-7 滑车布置 2

(3) 张力展放导线用的滑轮除应符合 DL/T 685—1999《放线滑轮 基本要求、检验规定及测试方法》的规定外，其轮槽宽应能顺利通过接续管及其护套。轮槽应采用挂胶或其他韧性材料。滑轮的磨阻系数不应大于 1.01。

(4) 对严重上扬、下压或垂直档距很大处的放线滑轮应进行验算，必要时应采用特制的结构。

6 放线时通信设备应畅通，也可以配备相应旗号作为辅助通信措施。

3.4 放线

1 放线前应编制架线施工技术文件。

2 跨越电力线、弱电线路、铁路、公路、索道及通航河流时，应编制跨越施工技术措施。导线或架空地线在跨越档内接头应符合设计要求。

3 放、紧线过程中，导线不得在地面、杆塔、横担、架构、绝缘子及其他物体上拖拉，对牵引线头应设专人看护。

4 对已展放的导线和地线应进行外观检查，导线和地线不应有散股、磨伤、断股、扭曲、金钩等缺陷。

5 采用以旧线带新线的方式施工，应检查确认旧导线完好牢固；若放线通道中有带电线路和带电设备，应与之保持安全距离，无法保证安全距离时应采取搭设跨越架等措施或停电。牵引过程中应安排专人跟踪新旧导线连接点，发现问题立即通知停止牵引。

一、一般的导线展放方法

1 耐张段的配电线路放线施工采用人力地面拖线法，可以减少牵引设备及大量牵引绳（见图 3-8）。

2 人力方法展放导线，人员负重平地每人按 30kg 考虑，山地按 20kg 考虑。

图 3-8 人力拖线

3 展放导线时根据导、地线长度和耐张段长度等情况，可以一条或数条同时展放。

4 人力牵引的速度不宜过快，与步行速度相近，防止导线缠绕，可在牵引钢绳端加装防捻器。

5 地面上牵引时，应有专人沿线查看，防止导线在坚硬物上摩擦等情况。若有断股、金钩等情况，应立即停止展放及时处理。

6 线盘应设置制动装置，防止线盘飞车。

二、旧线更换放线方法

1 线路改造中较多工程可采用以旧线牵引新线的方法放线。在旧线拆除前，新线与旧线绑扎后，利用旧线牵引进行展放（见图 3-9）。

2 旧线牵引新线时应注意连接处的处理，避免在展放过程中出现卡勾现象。

3 几条线同时牵引时，要注意保持各相导线间的距离，不能互相交叉。

4 一般情况的放线和挂线，均应先上层后下层的顺序。放线和架线尽可能在当天连续进行直至紧线结束。

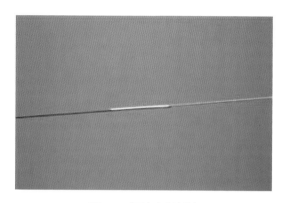

图 3-9 旧线牵引新线

5 放线当天不能紧线时，可使导、地线承受适当的张力，保持导、地线的最低点脱离地面 3m 以上。还需要检查各交叉跨越处，以不妨碍电力、通信、道航、道路为原则，导地线两端稳妥固定。未紧好的导地线腾空过夜时，必须做好以下措施：

(1) 一般通道路口的导线，应挖沟埋入地下。

(2) 河道处应将导、地线沉入河底。

(3) 其他交叉跨越，应设法保持必要的安全距离，以保证电力、通信、道航、道路安全。

(4) 无法保证电力、通信、道航、道路的线路，应与有关部门取得联系。

三、绝缘线展放

(1) 架设绝缘线宜在干燥天气进行，气温应符合绝缘线施工的规定。

(2) 展放线过程中，应将绝缘线放在塑料滑轮或套有橡胶护套的铝滑轮上。滑轮直径不应小于绝缘线外径的 12 倍，槽深不小于绝缘线外径的 1.25 倍，槽底部半径不小于 0.75 倍绝缘线外径，轮槽槽倾角为 15°。

(3) 展放线时，绝缘线不得在地面、杆塔、横担、绝缘子或其他物体上拖拉，以防损伤绝缘层。

(4) 宜采用网套牵引绝缘线（见图 3-10）。

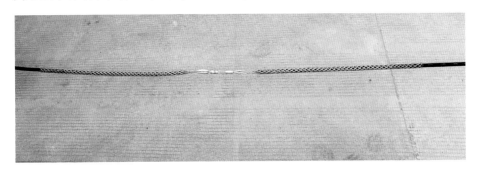

图 3-10 绝缘导线网套牵引

3.5 紧线

工艺标准

1 紧线应在基础混凝土强度达到 100% 后施工，并应在全紧线段内杆塔已全部检查合格后再进行。

2 紧线施工前应根据施工荷载验算耐张、转角型杆塔强度，必要时应装设临时拉线或进行补强。图 3-11 ～图 3-13 采用直线杆塔紧线时，应采用设计允许的杆塔做紧线临锚杆塔。

图 3-11 临时地锚桩 1

3 观测弧垂时的实测温度应能代表导线或架空地线的温度，温度应在观测档内实测。

4 挂线时对于孤立档、较小耐张段过牵引长度应符合设计要求；设计无要求时，应符合下列规定：

(1) 耐张段长度大于 300m 时，过牵引长度不宜超过 200mm。

(2) 耐张段长度为 200 ～ 300m 时，过牵引长度不宜超过耐张段长度的 0.5‰。

(3) 耐张段长度小于 200m 时，过牵引长度应根

图 3-12 临时地锚桩 2

图 3-13 临时拉线布置

据导线的安全系数不小于 2 的规定进行控制，变电站进出口档除外。

5 绝缘线紧线时不宜过牵引，应使用牵引网套或面接触的卡线器，并应在绝缘线上缠绕塑料或橡皮包带。

6 人力紧线法。人力紧线法适用于导线截面较小且放线距离较短的情况，工作人员可直接在地面上通过装在耐张横担上的放线滑轮用人力牵引的方法进行紧线（见图 3-14）。

图 3-14 人力紧线

图 3-15 紧线器紧线

7 紧线器紧线法。当导线截面较大，但放线距离较短时，先用人力紧线法把导线收紧到一定程度，再用紧线器和收线车，所示方式将导线卡住后，利用紧线器在弧垂观测人员的指挥下完成紧线（见图 3-15）。

8 紧线时，应采用胶质滑车或尼龙滑车，绝缘线不宜过牵引。应使用网套和面接触的卡线器，并在绝缘线上缠绕塑料和橡皮包带，防止卡伤绝缘层。

9 绝缘线的导线弧垂应按设计给定值确定。绝缘线紧好后，同档内各相导线的弛度应力求一致，设计误差不超过 ±50mm。

10 绝缘线紧好后，线上不应有任何杂物。

施工要点

1 耐张段两端的耐张杆塔，在紧线施工前应考虑设置临时补强措施。紧线耐张段两端耐张杆塔的补强绳，均需用钢丝绳。若耐张杆塔为永久拉线的，必须在相应挂线处侧横担端点，安装临时补强拉线。若耐张杆另一侧架空线已紧线完成，则不需要再安装补强拉线。临时拉线一般使用不小于 $\phi9.5mm^2$ 钢丝绳或相应的钢绞线制作拉线，永久拉线地锚若大于 45° 并顺线路埋设的，可不另埋设临时地锚。

2 紧线前的检查。紧线前必须确认以下情况均已准备就绪后，方能发令开始紧线；

(1) 应由专人检查一遍导、地线有无损伤。导线有无相互交叉缠绕、有无障碍或卡住情况。

(2) 所有接头是否均已接妥。已发现的损伤部分是否均已处理完毕。

(3) 两端耐张杆塔的补强拉线或永久拉线是否已经过调整。

(4) 前端耐张杆塔上待紧的相应架空电力线路是否已挂好。

(5) 所有交叉跨越线路的措施是否均稳妥可靠。主要交叉处有无专人看管。若紧线时需临时开断或落线，应检查安全措施是否已实施。

(6) 牵引设备是否准备就绪。

(7) 观测弧垂负责人员是否已到达指定杆塔部位并已做好准备。

(8) 负责通信人员是否到位，通信设备是否良好。

(9) 负责紧线操作人员及紧线工具是否已安全准备就绪。

3 紧线方式。根据每次同时紧线的架空线根数，紧线方式有单线法、双线法、三线法等，可根据具体条件采用。

(1) 单线法是最普通的紧线方法（俗称一线一紧法）。施工中的导线及钢绳布置清楚，不会发生混乱，在施工人员较少的情况下也可施工，所需绳索工器具均较少；其缺点是整个紧线时间比较长。

(2) 双线法是两根架空线同时一次操作紧线，施工中用于同时紧两根架空地线或两根边导线，其施工布置见图 3-16。

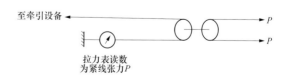

图 3-16 双线法紧线示意图

(3) 三线法。施工中一次同时紧三根导线，在一般的配电线路施工中采用较少。其原理图见图 3-17。

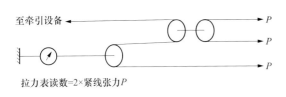

至牵引设备 ←

拉力表读数=2×紧线张力 P

图 3-17 三线法紧线示意图

4 紧线操作。

(1) 紧线前要先收紧余线，用人力或用牵引设备牵引钢绳紧线，待架空线脱离地面约 2 ～ 3m，即开始在耐张操作杆前面处套上紧线器。

(2) 紧线时使用与导、地线规格匹配的紧线器。推动线夹张开，夹入导线，使线夹夹紧导线。

(3) 紧线宜按先上层后下层，先地线后导线，先中线，后两边导线的次序。

(4) 采用机动绞磨或人力绞磨牵引紧线钢绳进行紧线时，负责指挥紧线人应随时注意拉力表及导、地线离地情况。若发现不正常或前方传来停止信号，应迅速停止牵引，查明原因并处理后再继续牵引。

(5) 架空线收紧接近弧垂要求值时，应减慢牵引速度，待前方通知已达到要求弧垂值或张力值时，立即停止牵引，待 1min 无变化时，在操作杆塔上进行划印。

(6) 划印后，由杆塔上的施工人员在高空立即将导、地线卡入耐张线夹，然后将导、地线挂上杆塔，最后松去紧线器。此种操作方法因架空线不需要再行松下落地，通称一次紧线法。

(7) 若高空划印后，再将导、地线放松落地，由地面人员根据印记操作卡线，同时组装好绝缘子串，再次紧线。高空操作人员待绝缘子串接近杆塔上的球头挂环时，立即将球头套入绝缘子碗头，插入弹簧销完成挂线操作，即为二次紧线。

(8) 耐张线夹内导线应包两层铝包带，在线夹两端应露出各 50mm，铝带尾端必须压在线夹内，包扎时从中心开始包向两端；第二层从两端折回包向中间为止。

3.6 弧垂观测

工艺标准

1 架线后应测量导线对被跨越物的净空距离，计入导线蠕变伸长换算到最大弧垂时应符合设计要求。

2 连续上（下）山坡时的弧垂观测，当设计有要求时应按设计要求进行观测。

3 弧垂观测与紧线工作应注意的事项：

(1) 耐张段紧线时若有两个以上的弧垂观测档，应先以靠近终端的观测档为紧线标准，然后再以其次的观测档为参考。

(2) 两个观测档时，当发生无法调整到两档均达到要求值时，差值相差不大，可以按较大档达到要求值为准，若相差过大，应查明原因设法解决。

(3) 三个观测档时，当发生无法调整到三档均达到要求时，若相差不大，可以两档或以中间观测档达到要求者为准。

(4) 观测弧垂时，当架空线最低点已达到要求值时，应立即先发出停止牵引的信号，等待 1min 以后待弧垂变化停止后，方可进行观测和调节弧垂值 (见图 3-18)。

(5) 耐张段内若有直线小转角杆的，在紧线时必须指派专人登杆照看，防止放线滑轮卡住或导线跳出情况。直线小转角杆所挂的放线滑轮长度应接近导线固定点的中心位置。

(6) 耐张段中各档的施工人员，当架空线开始吊离地面时，对线上的树枝、杂物等附着物应清除。

(7) 弧垂观测时的温度计应悬挂在避开阳光直接照射之处；各相导线紧线时的气温变化若在 ±2.5℃ 以内时，弧垂可以不作调整，超过规定值的应随温度的变化而相应调整。

图 3-18 弧垂观测

施工要点

　　导、地线架设在杆塔上，应当符合设计要求的应力，架线施工时的弧垂，均由设计部门提供工程所使用的导、地线张力曲线和弧垂曲线图表，施工部门根据曲线图表查用。

　　1 观测档的弧垂

　　(1) 观测档的选择。

　　1) 紧线耐张段连续档在 5 档及以下时，靠近中间选择一档。

　　2) 紧线耐张段连续档在 6 ～ 12 档时，靠近两端各选择一档。

　　3) 紧线耐张段连续档在 12 档以上时，靠近两端和中间各选择一档。

　　4) 观测档宜选择档距大和悬点高差小的档距，且耐张段两侧不宜作观测档。

　　(2) 观测档弧垂的计算。观测档的档距与代表档的档距不同，弧垂数值也不同，需要从查得的代表档距弧垂数值，换算到观测档得弧垂。

$$f_{观} = f_{代}\left(\frac{l_{观}}{l_{代}}\right)^2$$

　　式中　$f_{观}$、$f_{代}$——观测档和代表档的弧垂值，m；$l_{观}$、$l_{代}$——观测档和代表档的档距，m。

　　(3) 若一个耐张段内有两个以上观测档时，应依各观测档分别计算弧垂。

　　2 导线弧垂的测法

　　(1) 等长法（即平行四边形）(见图 3-19)。等长法为配电线路架线施工最常用的观测弧垂的方法。施工班组容易掌握，观测精度高。在 A、B 杆各挂弧垂尺（弧垂绳），从架空线悬挂点起始向下量出需测弧垂数值 f，结扎一横观测板，调整架空线张力至 A、B 杆的横尺与导线最低点目测成一直线时，此时架空线得弧垂，即为要求的 f 值。在两杆塔悬挂点高低差不大的情况下，采用等长法观测弧垂比较精准，若悬点高差较大，宜采用异长法观测弧垂。

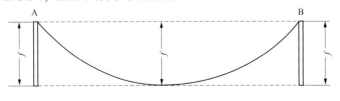

图 3-19　等长法观测弧垂图

　　(2) 异长法（见图 3-20）：采用异长法测弧垂比等长法多一步计算手续。A、B

两杆悬挂的弧垂板数值与弧垂 f 值的关系为：

$$\sqrt{a} + \sqrt{b} = 2\sqrt{f}$$
$$f = 1/4(\sqrt{a} + \sqrt{b})^2$$
$$a = (2\sqrt{f} - \sqrt{b})^2$$

在 B 杆挂弧垂板，选择适当的 b 值，目的是使视线切点尽量接近架空线弧垂的底部，根据要求的 f 值，由上式即可算出 A 杆弧垂板的 a 值。再用等长法相同的测视方式，调整导线张力，使 A、B 的弧垂板与架空线的最低点底部成一直线，此时的弧垂即为要求的 f 值。

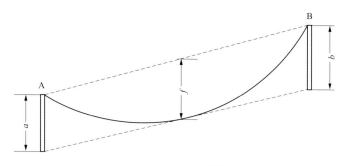

图 3-20 异长法观测弧垂图

3.7 导线固定绑扎

工艺标准

1 导线的固定应牢固、可靠，且应符合下列规定：

(1) 导线在针式或柱式绝缘子上的绑扎，直线杆采用顶槽绑扎法，直线转角杆采用边槽绑扎法。直线转角杆，导线应固定在转角外侧的槽内。

(2) 直线跨越杆导线应双固定，导线本体不应在固定处出现。

(3) 裸铝导线在绝缘子或线夹上固定应缠绕铝包带，缠绕长度应超出接触部分30mm。铝包带的缠绕方向应与外层线股的绞制方向一致（见图 3-21）。

(4) 绝缘导线与绝缘子接触部分应用绝缘自粘带缠绕，缠绕长度应超出绑扎两侧各 30mm（见图 3-22）。

图 3-21　裸铝导线绑扎　　　　　　　　图 3-22　绝缘导线绑扎

2 绑扎用的绑线，应选用与导线同金属的单股线，其直径不应小于 2.0mm。

3 各种类型的铝质绞线，在与金具的线夹夹紧时，除并沟线夹及使用预制绞丝护线条外，安装时应在铝股外缠绕铝包带，缠绕时应符合下列规定：

(1) 铝包带应缠绕紧密，其缠绕方向应与外层铝股的绞制方向一致。

(2) 所缠铝包带应露出线夹，但不应超过 10mm，其端头应回缠绕于线夹内压住。

施工要点

1 瓷横担、柱式绝缘子绑扎。

(1) 导线与绝缘子的绑扎要紧密，绑线排列要整齐，绑线与导线应选用同一种金属，绝缘线应使用单股铜塑线。铝绑线的直径宜选用 ⌀2.6～3.0mm，铜线一般选用 ⌀2.0mm。

(2) 对于铝线，在绑扎的一段导线上，应先缠绕一层铝包带。

(3) 柱式绝缘子绑扎分为单十字顶绑法和单十字侧绑法，即在导线上只搭扎一个十字，适用于小截面的配电线路。在大截面导线的配电线路应再加上一个十字，成为双十字绑法。

2 蝶式绝缘子绑扎。

蝶式绝缘子采用边槽绑扎法（见图 3-23）。

图 3-23 蝶式绝缘子导线绑扎

3.8 附件安装

工艺标准

1 10～66kV 架空电力线路，当采用并沟线夹连接引流线时，线夹数量不应少于 2 个。连接面应平整、光洁。导线及并沟线夹槽内应清除氧化膜，并应涂电力复合脂。

2 架空绝缘线穿刺线夹的安装，应符合下列要求：

(1) 根据使用与导线的规格和电压等级相符的穿刺线夹，安装点与耐张线夹的距离位置应不小于 0.5m。每相不少于 2 只穿刺线夹连接。

(2) 将线夹上的螺母松开，无需剥去导线绝缘层，然后将线夹卡在导线上。

(3) 使用专用力矩扳手拧紧穿刺线夹上部的螺母，使螺栓紧固，在拧的过程中要注意导线位置的变化，在手柄上缓缓加力，以随时调整导线，使穿刺线夹与导线平行。用专用力矩扳手均匀交替拧紧两个力矩螺母直至断开即可。

3 架空绝缘线穿刺接地线夹的安装（见图 3-24），应符合下列要求：

(1) 根据使用导线的规格和电压等级，选用合适规格的穿刺接地线夹，安装点与耐张线夹的距离位置应不小于 0.5m。

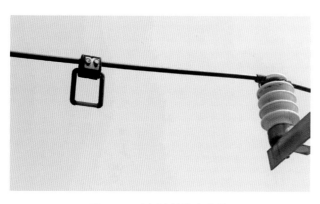

图 3-24 穿刺接地线夹安装

(2) 将线夹上的螺母松开，无需剥去导线绝缘层，然后将线夹卡在导线上。

(3) 使用专用力矩扳手拧紧穿刺接地线夹上部的螺母，使螺栓紧固，使验电环与导线平行。

4 架空绝缘线接地环设置点的选择，应符合下列要求：

(1) 绝缘线路的干线、耐张段、分支线路的首端和末端，及有可能反送电的分支线的导线上应设置绝缘接地线夹。

(2) 同杆架设的线路，若上方线路在该基杆上已设置接地装置，下方线路亦应在该基杆上相应设置接地环。

(3) 线路与其他高电压等级线路的交跨点处应设置接地环。

施工要点

1 引流线的安装（见图 3-25）。

（1）耐张杆塔两面的导线紧好以后，必须将耐张杆塔两侧导、地线连接，螺栓式耐张线夹宜用铝并沟线夹将尾线连接。

（2）铝并沟线夹与导线的连接部分，在连接前必须经过净化处理，用汽油擦净并用钢丝刷刷去导线和线夹的污垢，涂抹一层电力复合脂。每相不少于两只并沟线夹连接，尾线太短需另加搭接线时，必须满足过电流的要求。

2 带绝缘罩铝并沟线夹安装方法（见图 3-26）：

（1）并沟线夹加绝缘罩使用，绝缘罩内有积聚凝结水的空间，排水孔应在下方。

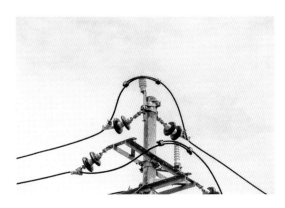

图 3-25 引流线安装

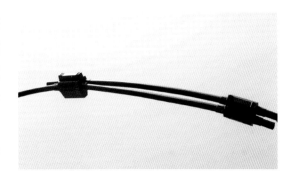

图 3-26 带绝缘罩铝并沟线夹

（2）绝缘架空线耐张杆处的引流线不宜从主导线处剥离绝缘层搭接，应从线夹延伸的尾线处进行搭接。同时对于起点、终端杆耐张线夹处的尾线预留长度应充足，打圈迂回与主导线进行绑扎。

（3）绝缘罩的进出线口应具有确保与所用架空绝缘导线密封的措施。

（4）绝缘罩应锁紧各机构，该锁紧机构应能在各种气候条件下使两部分可靠结合且不会自动松开。

第 4 章

柱上变压器施工工艺

4.1 工艺流程

施工准备 → 台架安装 → 变压器安装 → 配电箱安装 → 引流线安装 → 接地安装

设计要点

1 配电变压器台的设置，其位置应在负荷中心或附近便于更换和检修设备的地段。

2 下列类型的电杆不宜装设变压器台：

(1) 转角、分支电杆。

(2) 设有接户线或电缆头的电杆。

(3) 设有线路开关设备的电杆。

(4) 交叉路口的电杆。

(5) 低压接户线较多的电杆。

(6) 人员易于触及或人员密集地段的电杆。

(7) 有严重污秽地段的电杆。

3 柱上式变压器台底部距地面高度，不应小于2.5m。其带电部分，应综合考虑周围环境等条件。落地式变压器台应装设固定围栏，围栏与带电部分间的安全净距，应符合相关规定。

4 变压器台的引下线、引上线和母线应采用多股铜芯绝缘线，其截面应按变压器额定电流选择，且不应小于$16mm^2$。变压器的一、二次侧应装设相适应的电气设备。一次侧熔断器装设的对地垂直距离不应小于4.5m，二次侧熔断器或断路器装设的对地垂直距离不应小于3.5m。各相熔断器水平距离：一次侧不应小于0.5m，二次侧不应小于0.3m。

安全要点

1 柱上变压器台架工作前，应检查确定台架与杆塔联结牢固、接地体完好。

2 柱上变压器台架工作，人体与高压线路和跌落式熔断器上部带电部分应保持安全距离。不宜在跌落式熔断器下部新装、调换引线，若必须进行，应采用绝缘罩将跌落式熔断器上部隔离，并设专人监护。

3 柱上变压器台架施工周围设置围栏和警告牌"止步，高压危险"。

4 在高压配电室、箱式变电站、配电变压器台架上进行工作，不论线路是否停电，应先拉开低压侧隔离开关后拉开高压侧隔离开关或跌落式熔断器，在停电的高、低压引线上验电、接地。上述操作在工作负责人监护下进行时，可不用操作票。

4.2 施工准备

工艺标准

1 变压器应符合设计要求，附件、备件应齐全。

2 本体及附件外观检查无损伤及变形，油漆完好（见图 4-1）。

3 油箱封闭良好，无漏油、渗油现象，油标处油面正常。

4 土建标高、尺寸、结构及预埋件焊接强度均符合设计要求。

图 4-1 变压器检查

施工要点

1 进行现场勘察，确定施工方案，编写施工标准作业卡。

2 对电气设备进行电气试验，确保设备合格。

3 检查施工工器具是否充足完好，人员精神状态是否适合施工作业。

4 检查双杆组立是否正直，埋深是否符合规范要求，双杆根开误差不应超过 ±30mm，双杆高差不应超过 ±20mm（见图 4-2）。

5 检查接地制作是否符合规范，接地电阻是否符合设计要求。

图 4-2 双杆位置检查

4.3 台架安装

工艺标准

1 双杆的横担，横担与电杆连接处的高差不应大于连接距离的 5/1000，左右扭斜不应大于横担长度的 1/100。

2 变压器台的水平倾斜不应大于台架根开的 1/100。变压器安装平台对地高度不应小于 2.5m（见图 4-3）。

图 4-3 变压器台架安装

施工要点

1 横担宜采用镀锌角钢和槽钢，横担安装应按照从上到下的顺序安装。

2 螺栓穿向：

立体结构：水平方向由内向外，垂直方向由下向上。

平面结构：顺线路方向，双面构件由内向外，单面构件由送电侧穿入或按统一方向；横线路方向，两侧由内向外，中间由左向右（面向受电侧）或按统一方向；垂直方向，由下向上。

3 螺杆必须加垫片时，每端不宜超过 2 个垫片。螺栓应与构件平面垂直且不应有空隙。

69

4.4 变压器安装

工艺标准

变压器的安装，应符合下列规定：

二次引线排列应整齐、绑扎牢固。储油柜、油位应正常，外壳应干净。应接地可靠，接地电阻值应符合设计要求。套管表面应光洁，不应有裂纹、破损等现象。套管压线螺栓等部件应齐全，压线螺栓应有防松措施。呼吸器孔道应通畅，吸湿剂应有效。护罩、护具应齐全，安装应可靠。

施工要点

1 柱上安装三相变压器容量不宜超过 400kVA。

2 先对变压器进行外观检查，确保各部件完好，油位正常，外壳干净，呼吸通道畅通，符合运行要求。

3 根据变压器重量及地形情况，确定吊装方案。选取与变压器重量相符的钢丝绳套，并挂接在变压器的起重挂点上，不得吊在冷却片或油箱上，避免对变压器造成损伤。起吊时应保持水平，在吊装过程中应谨慎小心，避免碰伤油箱或壳体，起吊钢索夹角应不大于 60°，严禁超载起吊（见图 4-4）。

图 4-4 变压器吊装

4 变压器离地约 0.1m 时应暂停起吊并由专人进行检查，确认正常后方可继续起吊。

5 变压器采用夹铁固定安装在槽钢上，变压器离地距离不小于 2.5m。

6 配电变压器安装应正直，水平倾斜不大于根开的 1/100，与水泥杆保持适当距离（见图 4-5）。

7 在变压器两侧醒目位置加挂变压器命名牌和警示标志。

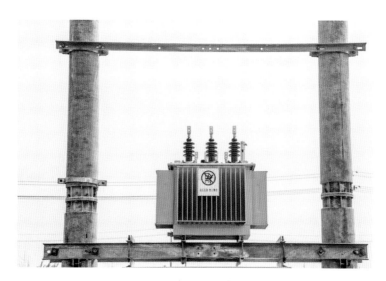

图 4-5 变压器安装布置

4.5 配电箱安装

工艺标准

低压交流配电箱安装，应符合下列规定：

1 低压交流配电箱的安装托架应具有无法借助其攀登变压器台架的结构且安装牢固可靠。

2 配置无功补偿装置的低压交流配电箱，当电流互感器安装在箱内时，接线、投运正确性要求应符合相关规定（见图4-6）。

3 设备接线应牢固可靠，电线线芯破口应在箱内，进出线孔洞应封堵（见图4-7）。

4 当低压空气断路器带剩余电流保护功能时，应使馈出线路的低压空气断路器的剩余电流保护功能投入运行。

图4-6 配电箱进出线安装

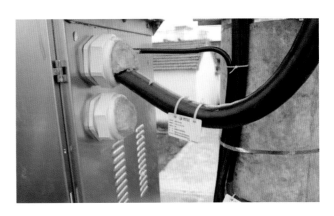

图4-7 进出线封堵

施工要点

1 先进行配电箱外观检查，确保各部件完好，接线正确。

2 根据配电箱重量及地形情况，确定吊装方案。选取与配电箱重量相符的钢丝绳套，起吊时应保持配电箱水平，在吊装过程中应谨慎小心，避免碰伤箱体。起吊钢索夹角应不大于60°，严禁超载起吊。

3 配电箱离地约0.1m时应暂停起吊并由专人进行检查，确认正常后方可继续起吊。

4 采用配电箱夹铁固定吊装在槽钢下，配电箱离地距离不小于2m。

5 配电箱安装应平正，安装牢固（见图 4-8）。

6 在配电箱两侧醒目位置粘贴台区名称和警示标志。

图 4-8 配电箱安装

4.6 引流线连接

工艺标准

1 变压器低压侧引线应根据配电变压器容量及负荷来选择，大容量的宜采用单芯铜电缆连接，小容量的采用四芯铜电缆或绝缘导线连接，引线以色标相区别。

2 引线应排列整齐，间距适当，引线连接应采用接线端子，连接处涂电力复合脂。

施工要点

1 引线与架空线路的连接应采用并沟线夹或绝缘穿刺线夹，线夹的数量不应少于2个，线夹型号应与导线相匹配，搭接前应先清除导线及引流线连接部分的氧化层，确保接触紧密良好（见图4-9）。

图4-9 引线与导线搭接

图4-10 高压引流线安装

2 跌落式熔断器、变压器及避雷器的高压引线宜采用绝缘线连接，截面不宜小于35mm^2（见图4-10）。

3 变压器中性点和外壳、配电箱外壳及避雷器接地引下线宜采用多股铜芯线连接，保护接地与工作接地分开接地，截面不宜小于25mm^2。

4.7 接地安装

工艺标准

1 接地体埋设深度和防腐应符合设计要求。

2 接地装置应按设计图敷设。接地装置的连接应可靠。连接前应清除连接部位的铁锈及其附着物。

3 采用水平敷设的接地体应符合下列规定：

(1) 两接地体间的平行距离不应小于 5m。

(2) 接地体敷设应平直。

4 采用垂直接地体时，应垂直打入，并与土壤保持良好接触。

接地引下线与接地体连接应接触良好可靠并便于解开进行测量接地电阻或检修。

5 接地电阻应符合设计要求。

施工要点

1 配电变压器均装设避雷器，其接地引线应与变压器二次侧中性点及变压器的金属外壳连接（见图 4-11）。

2 接地体敷设成围绕变压器的闭合环形，设 2 根及以上垂直接地极，接地体的埋深不应小于 0.6m，且不应接进煤气管道及输水管道。接地线与杆上需接地的部件必须接触良好。

图 4-11 变压器外壳与避雷器接地线连接安装

3 设水平和垂直接地的复合接地网。接地体一般采用镀锌钢，腐蚀性高的地区宜采用铜包钢或者石墨。

4 考虑防盗要求，接地极汇合处设置在主杆离地 3.0m 处，分别与避雷器接地、变压器中性点接地、变压器外壳接地和不锈钢低压综合配电箱外壳进行有效连接（见图 4-12）。

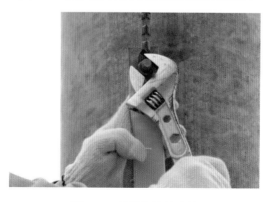

图 4-12 接地极连接安装

第 5 章

柱上电气设备施工工艺

5.1 工艺流程

施工准备 → 支架或横担安装 → 柱上电器设备安装 → 引线安装

设计要点

1 柱上开关的安装，尚应符合下列规定：

(1) 水平倾斜不大于托架长度 1/100。

(2) 引线连接紧密，当采用绑扎连接时，长度不小于 150mm。

(3) 外壳干净，不应有漏油现象，气压不低于规定值。

(4) 操作灵活，分、合位置指示正确可靠。

(5) 外壳接地可靠，接地电阻值符合规定。

2 跌落式熔断器的安装，尚应符合下列规定：

(1) 各部分零件完整。

(2) 转轴光滑灵活，铸件不应有裂纹、砂眼、锈蚀。

(3) 瓷件良好，熔丝管不应有吸潮膨胀或弯曲现象。

(4) 熔断器安装牢固、排列整齐，熔管轴线与地面的垂线夹为 15°～30°。熔断器水平相间距离不小于 500mm。

(5) 操作时灵活可靠、接触紧密。合熔丝管时上触头应有一定的压缩行程。

3 隔离开关又称为闸刀，是高压开关的一种。因为它没有灭弧装置，所以不能用来直接接通、切断负荷电流和短路电流。

杆上避雷器的安装，尚应符合下列规定：

(1) 瓷套与固定抱箍之间加垫层。

(2) 排列整齐、高低一致，相间距离 1～10kV 时，不小于 350mm；1kV 以下时，不小于 150mm。

(3) 与电气部分连接，不应使避雷器产生外加应力。

(4) 引下线接地可靠，接地电阻值符合规定。

安全要点

1 一、二次侧熔断器或隔离开关、低压断路器，应优先选用少维护的符合国家标准的定型产品，并应与负荷电流、导线最大允许电流、运行电压等相配合。

2 变压器台的引下线、引上线和母线应采用多股铜芯绝缘线，其截面应按变压器额定电流选择，且不应小于 $16mm^2$。变压器的一、二次侧应装设相适应的电气设备。一次侧熔断器装设的对地垂直距离不应小于 4.5m，二次侧熔断器或断路器装设的对地垂直距离不应小于 3.5m。各相熔断器水平距离：一次侧不应小于 0.5m，二次侧不应小于 0.3m。

3 操作隔离开关时，应先检查相应回路的断路器确实在断开位置，以防止带负荷拉、合隔离开关。

4 隔离开关操作时，应有值班人员在现场逐相检查其分、合闸位置，同期情况，触头接触深度等项目，确保隔离开关动作正确、位置正确。隔离开关应在主控室进行操作。当远控电气操作失灵时，可在现场就地进行手动或电动操作，但必须征得站长或技术负责人的许可，并在现场监督的情况下才能进行。

5 柱上断路器应设防雷装置。经常开路运行而又带电的柱上断路器或隔离开关的两侧，均应设防雷装置，其接地线与柱上断路器等金属外壳应连接并接地，且接地电阻不应小于 10Ω。

5.2 施工准备

工艺标准

1 柱上开关技术性能、参数符合设计要求：

(1) 所有部件及备件应齐全，无锈蚀或机械损伤，开关绝缘部件不应变形、受潮。横担支架镀锌完好、无锈蚀、扭曲等现象，螺栓配套齐全。

(2) 合格的施工机具、施工人员到岗到位。

2 跌落式熔断器、熔丝的技术性能、参数符合设计要求。

3 隔离开关技术性能、参数符合设计要求：

所有部件及备件应齐全，无锈蚀或机械损伤，开关绝缘部件不应变形、受潮，横担支架镀锌完好、无锈蚀、扭曲等现象，螺栓配套齐全。

4 避雷器技术性能、参数符合设计要求。

5 架空线路开关配电自动化终端规格、型号符合设计图纸要求和固定。

外观应无机械损伤、变形和外观脱落，附件齐全。

根据设计要求，线缆应选用双绞线或光纤、屏蔽超五类网线、PVC管等。

6 电容器应在正式安装前，对电容器进行外观检查。确保交付安装的电容器外观无破损、锈蚀和变形。安装前测量电容器极对壳绝缘电阻以及电容量。

施工要点

一、柱上开关

1 现场勘查，确定施工方案，编写施工标准作业卡。

2 检查杆塔外观、埋深、倾斜是否符合隔离开关安装的要求。

3 接地施工完毕，符合规范要求，接地电阻不应大于设计值。

4 柱上开关在运输吊装时不允许有强烈震动，不允许倒置、翻滚，不允许抬、扛（拉）瓷套管。

5 核对柱上开关、隔离开关及避雷器型号，外观检查良好，设备完整无损伤，电气试验合格（见图 5-1）。

二、跌落式熔断器

1 进行现场勘察，确定施工方案，编写施工标准作业卡。

2 对跌落式熔断器进行电气试验，确保设备合格（见图 5-2）。

3 检查施工工器具是否充足完好，人员精神状态是否适合施工作业。

4 检查水泥杆是否完好无损伤，组立是否正直，埋深是否符合规范要求。

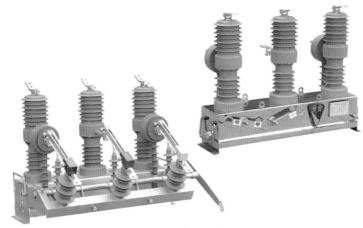

图 5-1 柱上开关

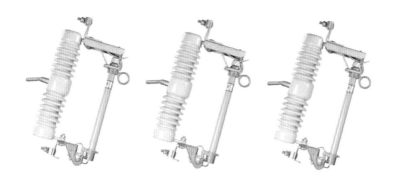

图 5-2 跌落式熔断器

三、隔离开关

1 现场勘查，确定施工方案，编写施工标准作业卡。

2 检查杆塔外观、埋深、倾斜是否符合隔离开关安装的要求。

3 隔离开关在运输吊装时不允许有强烈震动，不允许倒置、翻滚。

4 核对隔离开关型号正确、外观检查良好、设备完整无损、电气试验合格（见图 5-3）。

5 合格的施工机具、施工人员

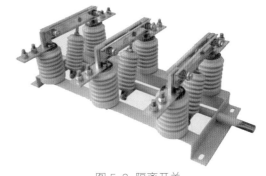

图 5-3 隔离开关

到岗到位。

四、避雷器

1 接地施工完毕，符合规范要求，接地电阻不应大于设计值。

2 避雷器型号正确、设备完整无损、整体密封完好、电气试验合格（见图5-4）。

3 避雷器支架镀锌完好、无锈蚀、扭曲等现象，螺栓配套齐全。

五、柱上电容器

1 现场布置：包括电容器支架、电容器和附属设备等。

2 技术资料：厂家说明书、试验报告、施工图纸（见图5-5）。

3 人员组织；机具及材料。

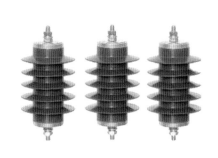

图5-4 避雷器

图5-5 电容器

5.3 支架或横担安装

工艺标准

1 柱上开关支架安装应符合相关规定：

(1) 支架安装后，使开关一次侧的对地面的垂直距离不宜小于4.5m。

(2) 支架安装后，应保持水平，其水平倾斜不大于支架长度的1%。

2 跌落式熔断器横担安装应平整，安装偏差不应超过下列规定数值：

(1) 横担端部上下歪斜：20mm。

(2) 横担端部左右扭斜：20mm。

3 隔离开关安装应符合相关规定：

(1) 螺栓应与构件平面垂直且不应有空隙。

(2) 支架安装后，应保持水平，其端部上下歪斜不应大于20mm，左右扭斜不应大于20mm。

4 避雷器安装在支架上应固定可靠。

(1) 螺栓应与构件平面垂直且不应有空隙。

(2) 支架安装后，应保持水平，其端部上下歪斜不应大于20mm，左右扭斜不应大于20mm。

5 电容器支架安装水平度要求 ≤ 3mm/m；支架立柱间距离误差应 ≤ 5mm。

6 支架连接螺栓紧固应符合产品说明书要求，构件间垫片不得多于1片，厚度不大于3mm。

施工要点

一、柱上开关

1 开关支架安装尺寸应符合设计要求，组装尺寸允许偏差应在 ±20mm 范围内（见图5-6）。

2 螺栓的穿向应统一，连接牢固、可靠，达到规范要求的扭矩；拧紧后，外露丝扣不应小于2扣，不得长于

图5-6 柱上开关支架安装

20mm。顺线路方向，双面结构由内向外，单面结构由送电侧穿入或按统一方向；横线路方向，两侧由内向外，中间由左向右（面向受电侧）或按统一方向；垂直方向，由下向上。

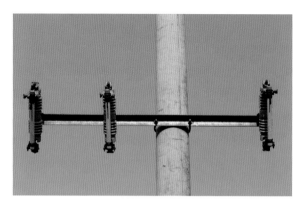

图 5-7 跌落式熔断器支架安装

二、跌落式熔断器

1 跌落式熔断器支架安装在线路下方（见图 5-7），距上层横担应不小于 0.6m，距地面不小于 4.5m。

2 横担安装应平正，横担端部上下歪斜不应大于 20mm，左右扭斜不应大于 20mm。

三、隔离开关

1 隔离开关支架安装尺寸应符合设计要求，组装尺寸允许偏差应在 ±20mm 范围内。

2 螺栓的穿向应统一，连接牢固、可靠，达到规范要求的扭矩；拧紧后，外露丝扣不应小于 2 扣，不得长于 20mm。顺线路方向，双面结构由内向外，单面结构由送电侧穿入或按统一方向；横线路方向，两侧由内向外，中间由左向右（面向受电侧）或按统一方向；垂直方向，由下向上。

四、避雷器

1 避雷器支架安装尺寸应符合设计要求，组装尺寸允许偏差应在 ±20mm 范围内。

2 螺栓的穿向应统一，连接牢固、可靠，达到规范要求的扭矩；拧紧后，外露丝扣不应小于 2 扣，不得长于 20mm。顺线路方向，双面结构由内向外，单面结构由送电侧穿入或按统一方向；横线路方向，两侧由内向外，中间由左向右（面向受电侧）或按统一方向；垂直方向，由下向上。

五、电容器

1 金属构件无明显变形、锈蚀。

2 绝缘子无破损，金属件外表损伤或腐蚀，各配套件无渗油、损伤外壳变形等现象。

5.4 柱上电器设备安装

一、柱上开关安装

断路器、负荷开关和高压计量箱的安装，应符合下列规定：

(1) 断路器、负荷开关和高压计量箱的水平倾斜不应大于托架长度的 1/100。

(2) 引线应连接紧密。

(3) 密封应良好，不应有油或气的渗漏现象，油位或气压应正常。操作应方便灵活，分、合位置指示应清晰可见、便于观察。外壳接地应可靠，接地电阻值应符合设计要求。

二、跌落式熔断器

跌落式熔断器的安装应符合下列规定：

1 各部分零件完整、安装牢固。

2 转轴光滑灵活、铸件不应有裂纹、砂眼。

3 绝缘子良好，熔丝管不应有吸潮膨胀或弯曲现象。

4 熔断器安装牢固、排列整齐、高低一致，熔管轴线与地面的垂线夹角为 15°～30°（见图 5-8）。

图 5-8 跌落式熔断器安装

5 动作灵活可靠、接触紧密。

6 上下引线应压紧、与线路导线的连接应紧密可靠。

三、避雷器

避雷器的安装，应符合下列规定：

1 避雷器的水平相间距离应符合设计要求。

2 避雷器与地面垂直距离不宜小于 4.5m。

3 引线应短而直、连接紧密，其截面应符合设计要求。

4 带间隙避雷器的间隙尺寸及安装误差应满足产品技术要求。

5 接地应可靠，接地电阻值符合设计要求。

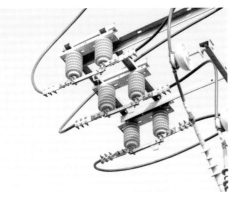

图 5-9 隔离开关安装

四、隔离开关

杆上隔离开关安装应符合下列规定。

1 绝缘子良好、安装牢固。

2 操作机构动作灵活。

3 合闸时应接触紧密，分闸时应有足够的空气间隙，且静触头带电。

4 与引线的连接应紧密可靠（见图 5-9）。

五、电容器安装

1 电容器安装排列整齐，倾斜角度不应符合设计。指示器位置正确。

2 放电线圈瓷套无损伤，相色正确，接线排列整齐、牢固美观。

3 接地开关底座需水平，操作灵活，无卡滞现象。

施工要点

一、柱上开关

1 根据开关重量及地形情况，确定吊装方案。

2 选取与开关重量相符的绳套，并牢靠地连接在真空开关的起重挂点，使起吊时能保持水平，严禁超载起吊。

3 在电力线附近吊装时，吊车必须接地良好。与带电体的最小安全距离应符合安全规程的规定。

4 开关离地约 0.1m 时应暂停起吊并进行检查，确认正常后方可正式起吊。

5 开关应平稳缓慢吊装至开关支架，就位推进要平稳，调整水平时，不允许抬、扛（拉）瓷套管，不得碰伤或撞坏器件。在调整好开关位置后，安装固定铁，紧固螺栓。

6 开关安装应垂直，固定应牢靠，相间套管在同一水平面上（见图 5-10）。

7 开关绝缘子及导电杆表面应洁净，导电杆与导电夹应接触紧密。

8 开关电源侧应装隔离开关，分闸后

图 5-10 柱上开关安装

应形成明显断开点，其隔离点在开关电源侧。

二、跌落式熔断器

1 先对熔断器进行外观检查，确保设备完好。

2 地面组装熔断器，拧紧各部件螺栓，调整小抱箍，使熔断器与连接铁保持同一平面。安装熔管熔丝，熔丝配置应按照载流量选择，安装时应拉紧安装，避免接触不良烧断。

3 熔断器杆上安装时应先取下熔管，逐相进行安装，熔断器安装应牢固、排列整齐，熔管轴线与地面的垂线夹角为 15°～ 30°，方便熔丝熔断时自然落下。

4 熔断器相间距离不小于 500mm。

5 若分支是采用电缆或绝缘导线接出的，还需在熔断器下桩头加装接地环，方便检修挂接地线，接头接触应紧密良好。

6 将熔管装上，并使熔断器处于拉开位置。

三、避雷器

1 避雷器各连接处的金属接触表面，应除去氧化膜及油漆，并涂一层电力复合脂。

2 避雷器安装牢固，排列整齐、高低一致，相间距离：20kV 不小于 450mm，10kV 不小于 350mm，1kV 及以下不小于 150mm（见图 5-11）。

3 避雷器应安装垂直，其垂直度应符合制造厂的规定。

4 避雷器引线短而直、连接紧密，应采用绝缘线，其截面应符合规定：引上线：铜线不小于 16mm^2，铝线不小于 25mm^2，引下线：铜线不小于 25mm^2，铝线不小于 35mm^2。

5 电气连接应可靠，铜、铝搭接，宜使用搪锡接线端子。

图 5-11 避雷器安装

6 与电气部分连接，不应使避雷器产生外加应力。

四、隔离开关

1 隔离开关瓷件良好，操作机构灵活。接触表面清洁无氧化膜，并涂以电力复合脂。

2 隔离开关装设应水平牢固，分闸时，应使静触头带电。

3 隔离开关合闸时触头相互对准，接触紧密，两侧的接触压力均匀，载流部分的可扰连接不得有折损。

4 隔离开关水平相间距离：20kV 不小于 400mm，10kV 不小于 300mm。

5 中相隔离开关应装设在易于引流线安装一侧。

五、电容器

1 各台电容器编号应在通道侧，顺序符合设计，相色完整。

2 电容器的布置应使铭牌向外，以便于工作人员检查，电容器外壳与固定电位连接应牢固可靠。

3 箱式电容器安装必须按厂家说明进行、带电体与外壳的距离应符合要求（见图 5-12）。

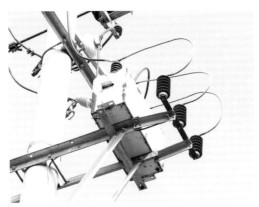

图 5-12 电容器安装

5.5 引线安装

工艺标准

1 引流线的搭设应平直，排列整齐、固定牢固。20kV 相间距离不应小于 400mm，10kV 相间距离不应小于 300mm。

引流线对横担、水泥杆、拉线等距离：20kV 应不小于 350mm，10kV 应不小于 200mm。

2 熔断器引流线应选用正确规格的导线，满足载流量要求。

3 引流线与上方线路搭接应采用并沟线夹或绝缘穿刺线夹，线夹型号与导线相匹配，数量应不少于 2 个，搭接前应清除导线及引流线搭接部分氧化层，确保接触良好。

4 引流线与熔断器电气连接应紧密可靠，宜采用搪锡铜接头过渡，安装前应先清除接头氧化层，并涂电力复合脂。

5 引流线与线路搭接一般情况下满足线路相序要求，确保面向受电侧从左到右为 ABC 相序，特殊情况时视现场条件搭接。

6 引流线相间距离：20kV 应不小于 400mm，10kV 应不小于 300mm；引流线对横担、水泥杆、拉线等距离：20kV 应不小于 350mm，10kV 应不小于 200mm（见图 5-13）。

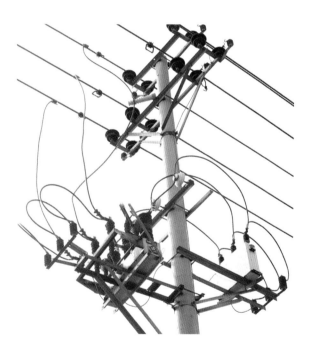

图 5-13 柱上开关、避雷器、电容等引线安装

施工要点

1 引流线必须选用相应规格的导线，其截面应符合线路载流量的要求。

2 开关的引流线与架空线一般采用并沟线夹或异型线夹连接，数量不应少于 2 个，连接面应平整、光洁，导线及线夹槽内应清除氧化膜，并涂电力复合脂。

3 引流线的搭设应平直，排列整齐、固定牢固。20kV 相间距离不应小于 400mm，10kV 相间距离不应小于 300mm。

4 电气连接应可靠，铜、铝搭接，宜使用搪锡接线端子。

5 接线端子型号应符合设计要求，开始压接前清除氧化膜，压接时涂抹电力复合脂。压接后接线端子及载流部分应清洁，且接触良好，触头镀层无脱落。

6 开关的接线端子在接线时不允许扭动，连接后不应产生外加应力。接线端子与开关接线端子连接处应平整光滑，并涂电力复合脂。

7 接线端子相互连接处应进行绝缘包扎。

8 压接操作人员应持证上岗，选取相应压力等级的液压设备，按相关操作规程进行操作。